ＪＡＬ機長たちが教えるコックピット雑学

飛行機とパイロットの仕事がよくわかる

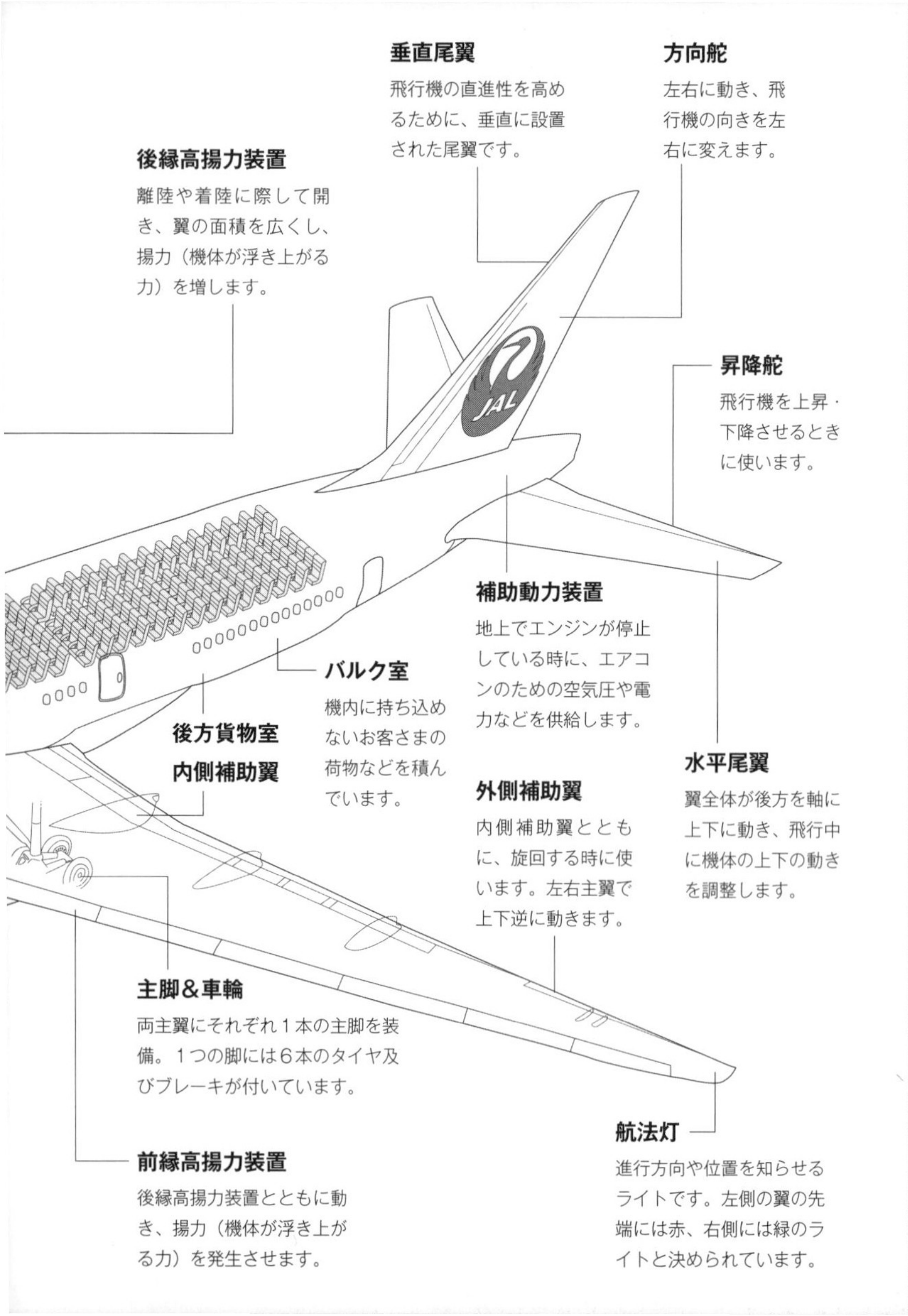
垂直尾翼
飛行機の直進性を高めるために、垂直に設置された尾翼です。
方向舵
左右に動き、飛行機の向きを左右に変えます。
後縁高揚力装置
離陸や着陸に際して開き、翼の面積を広くし、揚力（機体が浮き上がる力）を増します。
昇降舵
飛行機を上昇・下降させるときに使います。
JAL
補助動力装置
地上でエンジンが停止している時に、エアコンのための空気圧や電力などを供給します。
バルク室
機内に持ち込めないお客さまの荷物などを積んでいます。
後方貨物室
内側補助翼
水平尾翼
翼全体が後方を軸に上下に動き、飛行中に機体の上下の動きを調整します。
外側補助翼
内側補助翼とともに、旋回する時に使います。左右主翼で上下逆に動きます。
主脚&車輪
両主翼にそれぞれ1本の主脚を装備。1つの脚には6本のタイヤ及びブレーキが付いています。
航法灯
進行方向や位置を知らせるライトです。左側の翼の先端には赤、右側には緑のライトと決められています。
前縁高揚力装置
後縁高揚力装置とともに動き、揚力（機体が浮き上がる力）を発生させます。

旅客機各部位の名称

～ JALボーイング777を大解剖～

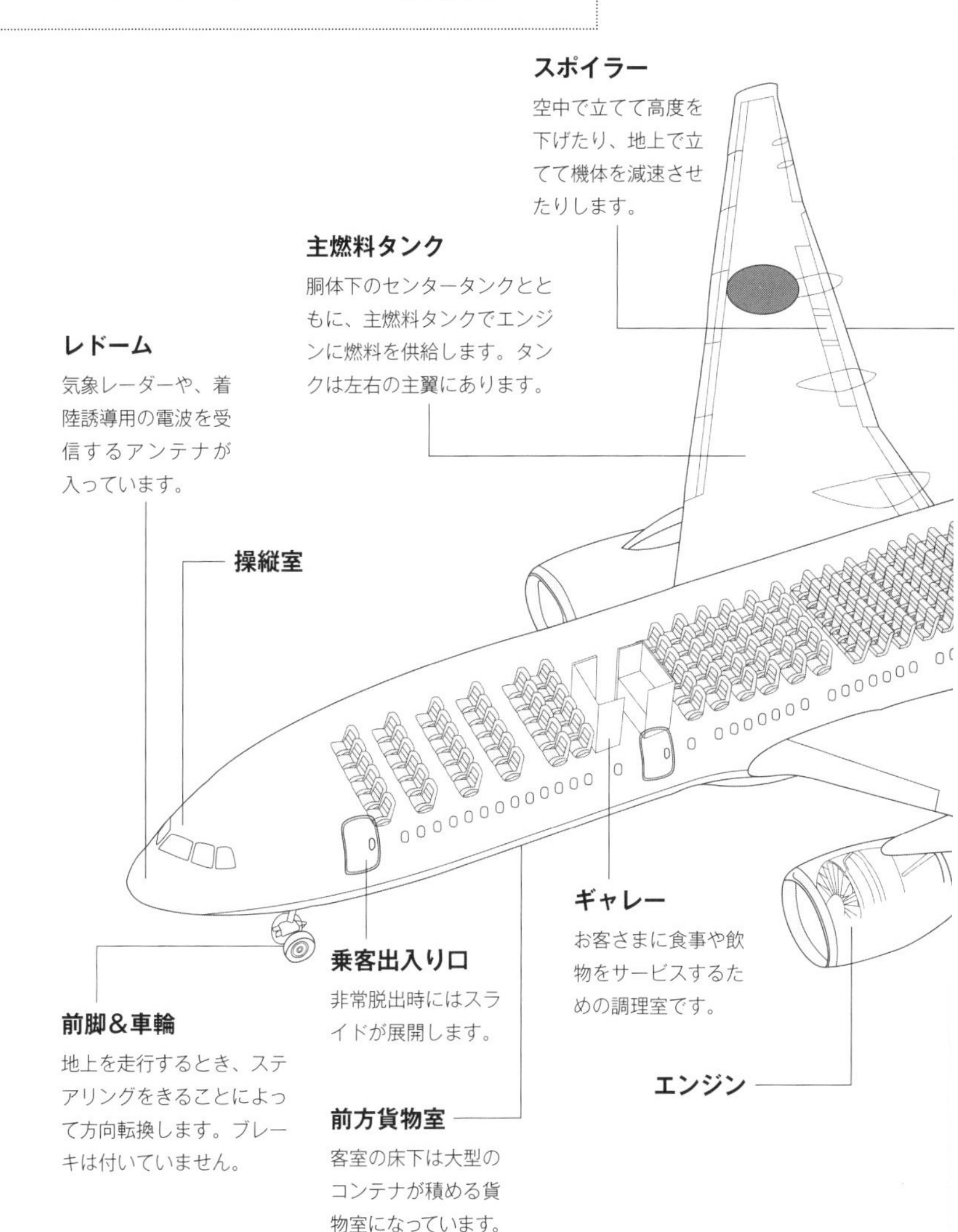

CONTENTS

旅客機各部位の名称 2

1 もっと知りたい！飛行機のこと

スイッチに囲まれて 8
787のコックピット 11
直通エレベーター 14
787の実力 17
ウイングチップ 20
翼端の役割 23
航空機のライト 26
航空機の燃料 29
航空機のスピード 32
巡航中の速度調整 35
知られざるエンブラエル170 38
フローコントロール 41
機内の気圧 44
空の道路 47
着陸時の角度 50
滑走路を目指して 53
同時平行進入 56
737の得意技 59
雨の日のフライト 62
夏のブレーキ温度 65
雪への備え 68
エコ・フライト 71

JALグループ航空機コレクション 74

2 もっと知りたい！機長のこと

一日の始まり 78
出発前打ち合わせと外部点検 81
離陸前のコックピットにて 84
右席と左席 87
ご搭乗から誘導路まで 90
離陸へのプロセス 93
空の専門用語 96
パイロットアナウンスに思いを込めて 99
到着に向けて 102
着陸から駐機まで 105
フライトバッグに憧れて 108
機長への道 111
機長の試験と訓練 114
パイロットの資質 117
人を育てるパイロット 120
「ファーストオフィサー」を目指して 123
ファーストフライト 126
マルチクルーとは 129
最高のバトンタッチ 132
エアマンシップ 135
パイロットの絆 138

3 飛行機をとりまくあれこれ

空港の5色の灯り 142
航空機を導く灯り 145
滑走路の構造 148
滑走路の標識 151
駐機場の形 154
チャーター便 157
時差との付き合い方 160
雲に学ぶ 163
台風の際には 166
ジェット気流の証し 169
航空機の道 172
夜間飛行の楽しみ 175
空から眺める富士山 178
冬の美景フライト 181
桜のフライト 184
厳選、美しき日本の風景 187

COCKPIT 1

もっと知りたい！　飛行機のこと

スイッチに囲まれて

私たちパイロットが主に仕事をする場所は、ご存じのとおりコックピットです。操縦席が2つ、操縦桿(かん)が2つ、計器類やスイッチが並んでいる風景をご想像いただけるでしょうか。

計器類にはメーターのようなものもあれば、パソコン画面のようなディスプレイに各種飛行データが表示される集合計器と呼ばれるものもあります。またスイッチ類には装置の電源をON－OFFにするものから、装置の機能を変えるセレクター、装置を直接動かすレバーや飛行コンピューターにデータを入力するボタンまで、さまざまな種類があります。

操縦するための基本的な機能はどの航空機も同様ですが、スイッチの数や配置、コックピットの作りは機種によって異なります。ボーイング７７７のコックピットには、実に約８６０個ものスイッチがあります。

そして操縦席正面には、ＭＦＤ（Multi Function Display）と呼ばれる正方形の画面が６台備わっているのが特徴です。画面には切り替えボタンが付いており、エンジン関連、空調関連、電気関連、情報通信関連など13通りの画面に切り替えることができます。

必要な情報画面を必要なときに表示できるので、画面を備えないかつての航空機と比べると、見た目の計器類の数が格段に減っており、現在の航空機はとてもシンプルに見えると思います。

これまで「ジャンボ」の愛称で親しまれた７４７などいくつかの機種に乗務してきましたが、この20年ほどで航空機のシステムは大変便利になったと実感しています。

数多いスイッチのなかには常時作動しているものや、緊急時のみ使用するスイッチも含まれるため、毎回のフライトですべてを操作するわけではありませんが、正しい位置や状態にあることをフライトごとに必ず確認しています。そしてどのスイッチが何の機能を果たすのか、どんなときに操作するのか、航空機のすべてを理解した上でパイロットは操縦をします。

航空機が進化を続け、そして私たちパイロットが日々訓練を重ねることで、より安全でより快適な運航ができるよう努めております。

（２０１９年４月号）

７８７のコックピット

　これまでの旅客機にはない機能や装備で注目されている最新鋭機ボーイング７８７。私は７４７、７６７、７７７の乗務経験がありますが、進化したＪＡＬボーイング７８７のコックピットに座った最初の印象は、美しくて落ち着いたコックピット、というものでした。
　７４７のコックピット周辺は昔のオフィスを彷彿とさせる冷たいグレー、７６７以降はクリーム色となりましたが、新しい７８７のコックピットは計器類の周囲を濃いグレーに、その他は薄いグレーにと、色調が統一されました。
　製造するボーイング社によれば、７８７のコックピットの基本コンセプトは、「先進の技術をわかりやすく共有できること」とされており、従来の航空機にはなかったいくつかの新しい装備が組み込まれています。代表的なものが、ＭＦＤ（Multi-Function Display）と呼ばれる5つの12×9インチのディスプレイです。

従来の機材より大型化されたディスプレイは、マルチ・ファンクションと呼ばれるように、必要な情報を機長や副操縦士が一番見やすいディスプレイに表示したり、画面を2分割したりすることが可能です。

また「ハッド」と呼ばれるヘッドアップ・ディスプレイ（Head-up Display）が2つの操縦席の前面に装備され、離着陸時の諸情報が外部を見ながら確認できるようになり、より安全な運航が可能となりました。

さらに787では新しく、左右に1つずつ、計2つのディスプレイも装備されました。これは「Dual Electronic Flight Bag」と呼ばれ、787のマニュアルなどがデータでファイルされています。

新装備はＡＭＭ（Airport Moving Map）と呼ばれる空港情報です。自動車に装備されるナビゲーションシステムと同様のもので、自機を▲のマークに置き換え、出発空港、到着空港の誘導路、スポット、滑走路が、まるで自動車が道路を走るように表示されます。音声の誘導はありません。従来までは、用意した空港の地図を開き、確認をしながらタキシング（地上走行）をしていました。

ご存じのように、航空機にはバックギアがありません。着陸してからスポットまで速やかにお客さまを運ぶため、安全に定刻にお客さまをお送りするために、このシステムも有効に使われています。

（2014年3月号）

直通エレベーター

ＪＡＬボーイング７８７に搭乗されたお客さまからは、「機内が広くてきれい」「加湿機能があるので、乾燥が和らぐ」「下降時に、耳があまりツーンとならない」などの声が聞こえてきております。

機内の気圧（与圧）に関しては、上空でも標高１８００メートルほどにいるのと同じ環境と、これまでの標高２４００メートルほどに比べて空気が濃く（酸素量が多く）なっており、長旅の疲れが軽減されることにもつながっています。

コックピットにいると、操縦に集中していたり、機内の環境に慣れていたりすることもあって、あまり気圧の低さについて感じることはありません。しかし、下降の際、従来機ですと置いてあるペットボトルが空気圧によって、よく変形したのに対し、

787ではほとんど変わらないので、機内の気圧が高めになっていることを実感します。

そんな機内の環境が改善されている787ですが、飛行ルートにおいても、従来機より優れている点があります。

787に搭載してあるジェットエンジンはものすごく推進力があり、離陸後、巡航飛行高度まで一気に上昇することができます。

長距離フライトの場合、離陸する旅客機はたくさんの燃料を積んで重くなっているため、従来機ですとエンジン性能との兼ね合いから、飛行高度を数回に分けて上げていき、最終的に雲がほとんどなく、風が安定している、最も飛行効率の良い巡航飛行高度へ到達します。

たとえるなら、ビルの最上階へ上がるために、エレベーターを何度か乗り換えていくようなものです。

この場合、他の離陸機も同じように高度を上げながら上昇していくため、エレベーター内や乗り換えとなる階層は混雑し、これを避けるために、管制官から出発時間を待たされることもあります。

一方、787はお客さまや貨物、燃料で機体が重い状況でも、最上階まで一気に上がることができ、途中で乗り換えの必要がありません。標準大気の場合、最大離陸重量でも高度3万7000フィート（約1万1300メートル）まで一気に上昇することができます。いわば、専用の直通エレベーターを利用できるようなもので、混雑がほとんどないといえます。

そのため、高度による理由で出発時間を待たされることも少なく、他機よりもいち早く巡航飛行高度に到達できるので、揺れが少ない、効率の良い飛行ルートを取りやすくもなるのです。

（2012年11月号）

787の実力

JALボーイング787の機体には「-8（ダッシュエイト）」と「-9（ダッシュナイン）」の2種類があります。全幅はどちらも60・1メートルですが、全長は「-8」が56・7メートル、「-9」が62・8メートルと、「-8」は横長で「-9」は縦長の形をしています。

「-8」はJALが保有するジェット旅客機の中で唯一、横長の形をした航空機なので、遠くからでも見分けることができるかと思います。また、客室の窓の数にも違いがあります。主翼よりも前、1番目と2番目のドアの間にある窓の数が「-8」よりも、「-9」の方が多くなっています。

さて、私は787の機長になる前は777に乗務していました。実は、777-

200と787-9の全幅や全長はほぼ同じ大きさなのです。そのため、787に移行してきた当初から、地上走行の取り回しなど違和感なく操縦できました。一方で、日々の乗務の中で787の特徴を実感することがあります。

1つ目は、機体の高さです。

一見、777と787は同じ高さに見えるのですが、わずかながら787の方が低くなっています。フライト前の外部点検で、身長173センチの私が胴体下面をくぐる際、777は普通に歩いて通り抜けることができましたが、787では少し屈まなければなりません。高さが低い分、貨物の積み下ろしや整備の効率などが良くなったといわれています。

2つ目に、787の魅力でもある静粛性です。

上空では、高度300メートル差で多くの航空機が同じルートを飛行しています。通常、コックピット内は、その航空機の風切り音やエンジン音がとても大きいため、すれ違う航空機のエンジン音を聞き取ることはできません。しかし、787はエンジ

ンの形状や素材の改良により、機内の騒音が軽減されているため、耳を澄ませると、すれ違う航空機のエンジン音がかすかに聞こえるのです。

７８７の機長になってからまもなく2年が経ちますが、今でも７８７の実力に驚かされている毎日です。

（２０１7年3月号）

ウイングチップ

旅客機を利用されるとき、機内のどこで国際線と国内線の違いを感じますか？「座席の種類や配置が違うし、国際線の場合は各席にモニターが付いている」という意見が多いのではないかと思います。旅慣れた方なら、「ギャレー（調理室）の場所や広さが違う」といった指摘があるかもしれません。

では、私たちパイロットの場合はどうかというと、国際線仕様でも国内線仕様でもコックピットは同じなので、見た目の違いはほとんどありません。違いがあるのは、エンジン計器の画面ぐらいです。

ＪＡＬグループが運航しているボーイング７７７では、国際線仕様と国内線仕様で搭載しているエンジンが異なり、前者はゼネラル・エレクトリック（ＧＥ）社製、後者はプラット・アンド・ホイットニー（Ｐ／Ｗ）社製となっています。この2社では、左右のエンジンの出力を一致させる方法が異なっており、簡単にいうと、ＧＥはファンブレードの回転数、Ｐ／Ｗはエンジンの入り口と出口の空気の圧力比で合わせています。

Ｐ／Ｗのエンジンを搭載した国内線仕様の旅客機では、ファンブレードの回転数を示す数値「Ｎ１」に加え、空気の圧力比を示す数値「ＥＰＲ（イーパー）」が表示されるので、それにより私たちは、機種の違いを認識しています。

また、外部点検のときには、主翼で違いがわかります。機体の長い７７７－３００の場合、国際線仕様の主翼の先端部には、尖った形状をした「レイクド・ウイングチップ」が装着されており、国内線仕様に比べて、全幅が3・9メートル長くなっています。

これは、主翼の先端部で発生する空気の渦を少なくし、空気抵抗を減らすことによって飛行効率を高めるもので、主翼の先端部が上方へ大きく延びているボーイング

７３７－８００のウイングレットと同じような働きをします。また、尖った主翼の形状は、最新鋭のボーイング７８７にも取り入れられており、先端部が反り上がり、まるで鳥が羽ばたいているようにも見えます。

そんなレイクド・ウイングチップを眺めていると、自然の尊さを感じずにはいられません。人間が科学によって飛行機を改良してきた結果、たどり着いたのは、すでに自然界に存在する鳥の翼の形状であり、それらを進化によって獲得してきた生き物の素晴らしさに、改めて感心させられます。

（２０１２年７月号）

翼端の役割

ＪＡＬグループでは、さまざまな航空機を保有していますが、各機種によって翼端の形が異なっています。主翼の先端部が上方へ大きく延びているボーイング７３７－８００や、翼端が滑らかに反り上がっている７８７など、翼にはそれぞれの機種の個性が表れています。

翼端の形に大きく関係しているのが「翼端渦」と呼ばれるものです。航空機は、翼下面の圧力の高い空気と、翼上面の圧力の低い空気の差により発生する揚力で飛行しています。翼端付近では、翼端から円を描くように空気の渦が発生します。これが翼端渦です。

翼端渦は飛行にとって抵抗となります。また、後方に空気の渦が残るため、後ろの航空機がその渦に入ってしまった場合は、揺れにつながることもあります。そのため、例えば離陸の際には、前の航空機の翼端渦に巻き込まれないよう、1機当たりの離陸の間隔が約2分と定められています。

「この飛行機はあと15分後に離陸いたします」

機内でこのようなアナウンスをお聞きになったことがあるかと思います。これは、パイロットが地上走行中に自機の離陸の順番を数えており、例えば、「出発が8番目であれば、客室乗務員へあと15分と伝えよう」となるわけです。航空機が混み合う空港や時間帯では、離陸までにお待たせしてしまう場合もありますが、安全な離陸のためにご理解いただけますと幸いです。

また翼端渦は、空気密度が小さい上空では影響が残りやすく、後方かつ斜め下に動く特徴があります。例えば、東京からベトナムやバンコクに向かう路線では、高度300メートル差で復路の航空機と同一航空路を使用することが多く、翼端渦に巻き込まれないよう十分に注意しなければなりません。

翼端渦は、1分間に約150メートル下方に動くため、自機に影響するのは約2分後となります。パイロットは、コックピットのディスプレイに対向機が映った際には、すぐに風向きと強さを確認し、元の飛行経路から横方向にずらして飛行しているのです。

このようにさまざまな影響を及ぼす翼端渦の発生を、少しでも軽減させるため、各航空機メーカーが工夫を凝らして、効率の良い翼づくりに励んでいます。次回ご利用の際には、翼端の形で機種を見分けてみてはいかがでしょうか。

（2018年8・9月号）

航空機のライト

航空機には、赤や白、緑などさまざまな種類のライトが装備されています。パイロットは上空ではもちろんのこと、駐機中や地上走行中でもライトを使用しています。

まず、飛行中だけでなく駐機中でも点灯しなければならないライトが、「航法灯」です。航空機の位置と進行方向を明確に示すもので、右翼端が緑色、左翼端は赤色の光と決められています。これは船舶の舷灯と同じです。操縦席で前方に航空機を発見した場合、その航空機の左側が緑色、右側が赤色であれば、こちらに向かっていることがわかります。

エンジンスタートや航空機が動くときに点灯するのが、「衝突防止灯」と呼ばれる赤色の閃光灯です。これは、その名のとおり衝突を防ぐためのライトで、機体の上下に取り付けられています。

両翼の先端にも、白色をした閃光の衝突防止灯がありますが、このライトは、離陸開始から着陸まで点灯します。この白色の閃光灯は非常に明るいため、遠くからでも航空機の存在を確認することができ、夜空でもすぐに見つけることができるかと思います。

航空機が地上走行をしているときに前方を照らす白色の光が、「地上走行灯」です。JALグループでは、駐機場から牽引車で押し出された後、地上走行を開始する際に、翼の付け根にあるこのライトを2回点滅させています。これは、パイロットが航空機に問題がないことを確認し、整備士など地上スタッフに出発の合図を送っているのです。

このとき、私は出発準備をしてくれた地上スタッフへの感謝の気持ちと、「行ってきます」という離陸に向けた思いで身が引き締まるのです。

この他にも、夜間の着陸で滑走路に進入するときに点灯する「着陸灯」や、航空会社のロゴマークを照らす「ロゴ灯」、主翼を照らす「翼点検灯」など、ライトの役割によって色や灯りのつき方が異なってきます。

私たちパイロットは、フライトの時間や天候などの状況を判断しながら、それぞれのライトを使って、より安全な運航を心がけています。

（2018年4月号）

航空機の燃料

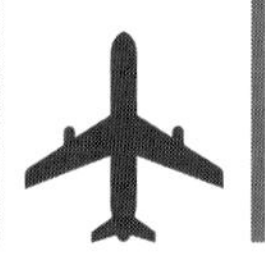

航空機の燃料がどこに搭載されているか、ご存じでしょうか。
私が乗務しているボーイング７８７には、左右の翼と両翼の間の胴体下部の３カ所に燃料タンクがあります。出発の約30～50分前、タンクローリーが航空機の翼の下部にチューブをつないでいる様子を見たことがある方もいらっしゃるかもしれません。それがまさに、出発に向けて航空機が燃料を給油しているときです。
航空機の燃料は、石油の分留成分であるケロシンを主成分とするジェット燃料を使用しています。７８７の場合、燃料タンクの最大容量は約22万ポンド（約１００トン）で、乗用車１台の重さ約１～２トンと比べると、航空機が空を飛ぶためにはたくさんの燃料が必要だということがおわかりいただけるかと思います。

しかし、フライトでは毎回満タンで飛行しているわけではなく、航空法に基づき必要な量だけを搭載しています。目的地までの飛行に必要な量、（目的地に着陸できないことも想定し）代替飛行場までの量、代替飛行場上空で30分空中待機できる量など、不測の事態を考慮して必要な量が計算されます。

不必要に多くの燃料を搭載すると、機体重量が重くなり飛行中にデメリットが生じてきます。

例えば、パイロットは揺れの予測に基づき、巡航中も高度を変更していますが、機体重量が重くなるほどその選択肢が狭まります。また搭載量の決定には、飛行経路上や目的地空港の天候、到着機の混雑状況なども考慮しています。

このようにさまざまな状況を判断して、フライトごとに機長が適切な搭載量を決定しているのです。

さらに私たちパイロットは、地球環境のためにCO_2排出量の削減にも取り組んでいます。例えばＪＡＬでは、「エンジン・アウト・タクシー」と称して、着陸後、安全に支障がないなどの条件が整った場合には、２つあるエンジンのうち、左のエンジンを停止しながら地上走行しています。このとき、機内の音が静かになるため、その変化に気づかれたことがある方もいらっしゃるかもしれません。

安全性を最優先に、定時性、快適性に配慮し、運航に必要な燃料を上手に管理することも、パイロットの重要な仕事なのです。

（２０１９年３月号）

航空機のスピード

あるとき、空港で子どもたちから「飛行機のスピードはどうやって測るのか」と聞かれたことがあります。

航空機で使用する速度の考え方として対地速度と対気速度があります。

対地速度とは、地面（地球）に対する移動速度です。それに対し対気速度とは、航空機が航行している大気（空気）に対してどのくらいの速度で移動しているかを示したものです。川の流れのなかを航行する船でたとえると、水に対する船の速度と、岸から見る船の速度との違いに似ています。

対地速度は目的地への到着時刻を計算するのに使われるのに対し、対気速度は飛行機の制限速度など、飛行性能に関する速度として用います。対地速度はＧＰＳ（全地球測位システム）や慣性航法装置（加速度を計測する装置）で計測し、一方、対気速度は「ピトー管」という装置で計測します。この名は発明者であるフランスの物理学者、アンリ・ピトーにちなんで命名されました。

大型機の場合、ピトー管は機体の先端部分で何の障害物もなく、風をまともに受ける場所に設置されています。走ったり自転車に乗ったりしたとき、または自動車や電車の窓から手を出したりしたときに感じる風（圧力）を計測する装置がピトー管とお考えください。

ピトー管で計測した圧力からその場の大気圧を差し引くことで、航空機が大気のなかを動いたことによる圧力を算出し、ここから対気速度を求めるのです。

速度は航空機を安全で効率的に、かつ定時に運航する大きな目安のひとつです。JALボーイング777には左に1本、右に2本の計3本のピトー管が装備されています。3本、という数字には理由があり、仮に1本のピトー管に不具合があった場合に、不具合のある1本を特定でき、正しい値を用いて飛行を継続できるのです。仮にピト－管が2本しかなかったら、どちらかが故障してしまうと、正しい値がわからなくなってしまいます。

ご搭乗の前、近くに機体を正面から見る機会がありましたら、ぜひ探してみてください。前方左右に髭のようについているのがピトー管です。

（2013年8・9月号）

巡航中の速度調整

私たちパイロットは、皆さまを安全に目的地へお送りするのはもちろんのこと、定時運航も意識してフライトに努めています。

ここ数年で上空の航空交通量は増加しており、特に、アジア地域の上空は大変混み合っています。皆さまを定刻で目的地にお送りするためのひとつの方法として、巡航中の速度調整が挙げられます。

音の速さはマッハ1です。航空機が巡航する高い高度では、音は1秒間に約300メートル進みます。

一方、ジェット旅客機は音の速さのおよそ80％の速度で進んでいます。機種によってスピードは異なってきますが、ボーイング787は巡航速度が比較的速く、およそマッハ0・85の速さで飛行しています。

もちろん、この速さを調整するのも私たちパイロットの仕事です。何かの原因で遅れが生じてしまう場合には、安全に支障のない範囲で速度調整を行っています。

では、巡航中の速度調整でどれくらい飛行時間を短縮できるのか、ご想像いただけるでしょうか。

上空の天候状況にもよるのですが、無風状態ではマッハ0・01（時速10キロ強）速度を上げて100マイル飛行すると、10秒ほど時間を縮めることができます。例えば787が運航している成田〜ボストン線では、巡航距離が約6000マイルのため、マッハ0・01速度を上げると飛行時間を約10分縮めることができます。

しかし、航空機には安全を第一とした運用限界速度（787ではマッハ0・90）があり、それ以上スピードを上げることはできないのです。また、車と同様にスピードを過度に上げると燃費が悪くなり、地球環境にも負担となります。

私たちパイロットは安全に支障のない範囲で、より早く皆さまを目的地へお送りできるようフライトに臨んでいますが、皆さまのご協力も不可欠です。航空機の扉が閉まり、皆さまの着席を確認して、実際に航空機が動き始めるまでの時間を短縮することも、定時運航の大きな支えとなっています。

（２０１９年８・９月号）

知られざるエンブラエル170

Ｅ１７０（エンブラエル１７０）という航空機は、伊丹空港をベースとし、主に九州や東北地方へ運航しています。

航空機というとボーイング社製のものを思い浮かべる方が多いかもしれませんが、エンブラエル社は世界第4位を誇るブラジルの航空機メーカーで、小型航空機市場ではカナダのボンバルディア社と1位を争っています。

Ｅ１７０の特徴は、まず、小型機でありながら、室内空間の快適性が高いということです。私自身、初めて見学した際は想像していたよりも広いと感じました。ボーイング７３７と比較するとお客さま一人当たりの座席空間が約４％広く、また、ダブルバブル構造という楕円形の胴体形状のため、床から天井まで2メートルほどと十分にゆとりがあります。

また小型機には珍しく、E170にはボーディングブリッジが取り付けられます。一旦地上に降りていただく必要がないため、スムーズにご搭乗いただけます。小型機ゆえにブリッジとコックピットとの距離が近く、多くのお子さまがコックピットに手を振ってくれる様子が見えるのも、私が好きな瞬間です。

ところで、E170の乗務にあたって一番驚いたことは、最新のシステムが揃ったコックピットです。その性能の高さは大型機にも引けを取りません。

「グラスコックピット」といって、複数の計器が5つの大型液晶画面に集約されており、効率的に操作することができるほか、システムの自動化が顕著で、エンジンスタートまでもが、エンジンの回転数を上げて燃料に点火……といった従来の航空機の手順を踏むことなく、「スタート／ストップセレクター」というスイッチ1つで完結します。

その一方、実はE170は、あるユニークなシステムも備えています。どの航空機のコックピットでも、航空機の状態はその都度、自動音声などが知らせてくれます。アラート音や男性の声が一般的ですが、Ｅ１７０では女性の声で流れることがあり、例えば自動操縦を解除すると、「オートパイロット」と優しくアナウンスしてくれるのです。

運航乗務員の間では「ミス・ブラジルの声」として親しまれています（真偽のほどは定かではないですが）。

（２０１５年８・９月号）

フローコントロール

ご出発時の離陸前、「現在空港の混雑により、管制より離陸時刻の制限を受けています。出発時刻は○時○分以降の予定です」といったアナウンスを耳にされたことはないでしょうか。

これは「フローコントロール」、通称〝フロコン〟と呼ばれる、空の渋滞を緩和するための方法です。主に、発着便数の多い新千歳、羽田、福岡空港で発生します。

羽田空港を例にしますと、同時間帯に国内各地より羽田へ向かう航空機が一定数を超えた場合、あらかじめ出発前に管制からフロコンの指示が出されます。離陸時刻を調整することで、羽田上空での空中待機が発生するのを防ぐことが目的です。

離陸時に制限がかかるのと同様に、着陸時も混雑によって順番待ちになることがあります。「羽田空港到着の航空機混雑のため、管制より上空待機を命じられています」などのアナウンスに聞き覚えはないでしょうか。

空は、都道府県のようにセクター（空域）で区切られており、航空機はセクターごとに周波数を移管し、埼玉県所沢市にある航空交通管制部が、国内各エリアを通過する全航空機を一括管理しています。

実は、西方面から羽田空港に向かう場合、出発地にかかわらず、必ず全機が到着前に通るセクターがあります。これは静岡県の南側に位置するエリアで、羽田空港の玄関口のような存在となります。フロコンで離陸時刻の調整を受けていても、天候状況などの事情により、結局、同時刻にこのセクターに羽田空港行きの航空機が集まってしまうと、着陸時にも順番待ちが発生することになります。

一方、上空で、パイロットによる〝密かな駆け引き〟が繰り広げられることもあります。地上と同様に空にもラッシュアワーがあり、混む航空路や時間帯が存在します。到着の遅れが見込まれても、1分でも早くお客さまを目的地へお連れしたい気持ちは全パイロットに共通です。

そこで、他の航空機の高度を確認して、先ほどの玄関口に入る前までに追い風の力で先を行く高度を考えたり、最短経路（ショートカット）をリクエストしたりするなど、安全かつ揺れの少ない航路選択をしつつ、少しでも早く到着できるよう、スマートなフライトプランを考えています。

（２０１６年４月号）

機内の気圧

離着陸の際、小さなお子さまが機内で泣き出してしまうことがあります。その理由のひとつとして、気圧の変化による耳の痛みが考えられます。大人も同様に、機内で耳が痛くなった経験がある方も多いのではないでしょうか。

地上の気圧が1気圧程度なのに対し、通常、航空機が飛行する高度約1万メートルの上空はおよそ0・2気圧と、地上の5分の1まで下がります。このような環境に私たちの体は耐えられないため、航空機には、機内の気圧を調整するための与圧装置があります。

これにより、機内は約0・8気圧に保たれており、標高約2000メートル、富士山の5合目と同じくらいの環境だといわれています。

上空では、航空機はエンジンから取り込まれた大量の圧縮空気を機内へ送り込みます。そして、その空気を「アウトフローバルブ」と呼ばれる出口の役割をもつ弁を通じて機外へ排出する量を調整し、適切に機内を与圧しているのです。

ボーイング737では、胴体の後方下部にアウトフローバルブがあり、弁の開き具合を調整することで気圧がコントロールできる仕組みです。

パイロットは飛行中、コックピットにある計器をもとに、機内の気圧に問題がないかを確認しています。

ところが、離着陸の際は機内の気圧の変化により、時として、耳の気圧を調整する耳管の働きが追いつかず、耳の不調や痛みが起こることがあります。このようなときには、耳抜きをしたり、あくびをして口やあごを動かしたり、飴をなめたりするなどの対策で痛みが取れやすくなります。

また、風邪などで鼻炎の症状があるときなどは、耳の痛みが起きやすいといわれているため、私たちパイロットは日頃から体調管理に気をつけています。普段から気圧の差を受ける環境に身を置いている職業として、常に体調を万全にしてフライトに臨むよう努めております。

（２０１９年７月号）

空の道路

空には、航空路（Airway）という目には見えない無数の道が存在します。これらは、たくさんの航空機が飛び交う空の中で、安全に航行するための〝ルール〟です。計器飛行方式での飛行が原則であるエアラインの航空機は、この空の道を通って目的地空港へと向かいます。

離陸後、まずは事前に定められた標準計器出発方式（ＳＩＤ＝Standard Instrument Departure）でこの航空路に入ります。同様に、航空路を出る際も、標準計器到着方式（ＳＴＡＲ＝Standard Terminal Arrival Route）を使って目的地空港に着陸します。

これらすべてのルート上には、ウェイポイント（Waypoint）というポイントが点在し、航空機位置情報の把握や、管制官が進路や高度の指示を出す際の目印となります。いわば、〝空のインターチェンジ〟のような存在です。

数多く存在するルートのうちどれを通るかは、出発前の打ち合わせで決めていきます。

航空路、ウェイポイントはともに各国が公示しており、日本では国土交通省航空局が航空路誌で発信しています。公示内容は4週間に一度のペースで更新され、よく使うウェイポイントがなくなる、ということも起きるため、出発前には常に、最新情報を参照しているかを副操縦士と確認し合います。

ところで、ウェイポイントには、世界共通ルールでアルファベット5文字の名前が付けられています。ポイントが位置する地名のほか、その地にちなんだユニークなものもあり、例えば、和歌山県には「MIKAN」（名産品のみかん）、秋田県には「BIJIN」（秋田美人）といったものもあります。なかには地名と関連なく名付けられたものも多々あり、管制官の指示が「After "ONIKU" climb and maintain Flight level 410」（「ＯＮＩＫＵ」地点を越えたら4万1000フィートまで上昇してください）という具合になることもあるのです。

また、滑走路が複数ある空港では間違いを防ぐために名前で工夫をすることもあります。

例えば、左側の滑走路に続くウェイポイントはＬ（Left）から、右側はＲ（Right）から始まる、などで、羽田空港にはＡ、Ｂ、Ｃ、Ｄという名の滑走路があるのですが、それぞれの滑走路に続くウェイポイントは、Ａ、Ｂ、Ｃ、Ｄから始まる文字になっているのです。

（2015年6月号）

着陸時の角度

「この飛行機はただいまから降下を開始し、およそ30分後に着陸いたします」

機内で、このようなアナウンスをお聞きになったことがあるかと思います。その後、航空機は最終の着陸態勢に入り、機体はどんどん高度を下げて滑走路へと向かっていきます。体感的には、さぞ急な角度で降下しているのだろう、と思われている方も多いのではないでしょうか。

航空機が滑走路に向かって降下するときの角度を「進入降下角」といい、実はどの機種でも「3度」が適正となっています。スキー場などの傾斜に比べると、わずかな数字だと感じられる方もいらっしゃるかと思います。しかし、航空機は時速200キロほどのスピードで、限られた長さの滑走路に着陸をしなければならないため、角度が浅かったり深かったりすると、安全でスムーズな着陸が難しくなってしまいます。私たちパイロットにとって、この3度はとても重要なのです。

パイロットは出発前にＴＯＤ（Top of Descent）と呼ばれる、3度の角度で着陸するための降下開始点を確認します。ＴＯＤは、高度、距離、風によって変わるため、パイロットはフライト中、さまざまな状況に応じて、操縦席にある速度計と昇降計を使い、上空で3度の角度を計算しながら飛行しているのです。

最新のハイテク機になると、3度での降下を確認できるシステムが装備されている機種もあります。しかし、システムだけに頼るのではなく、長年培ってきた経験をもとに、パイロット自身が常に3度を計算して絶えず確認を行っているのです。

そして、滑走路の脇には、3度を確認するための装置が設置されています。これは、精密進入経路指示灯「ＰＡＰＩ（パピ）」と呼ばれ、4つのライトで構成されています。パイロットから見て、ライトの色が赤2つ、白2つに見える場合は適正な3度、赤が多い場合は角度が浅く、白が多い場合は角度が深いことを示しています（ＰＡＰＩはパイロットから視認できるよう設置されているため、進入方式や機外カメラの位置によっては、ライトの色が適正と異なる場合があります)。

私たちパイロットは、繊細なコントロールを繰り返しながら、安全な着陸を目指しているのです。

(2018年5月号)

滑走路を目指して

ご搭乗の際、雲が多くて着陸が難しそうだなあと感じられたことはないでしょうか。そういった場合に役立つのが、電波により滑走路まで誘導を行うＩＬＳ（Instrument Landing System ＝計器進入着陸装置）アプローチです。

これは、滑走路付近からその延長線上に電波を発射し、正確な進入方向と降下角を示すことで安全に誘導してくれます。電波の中心から見て、上下左右のどこに自機がいるか計器上に表示されるため、あとはパイロットがその電波の中心に乗るように操縦することで、滑走路の接地点に向かうことができる大変便利な装置です。

悪天候などで視程が悪いときは、より精度高く着陸機を誘導するために、電波の乱れを防ぐ「ＩＬＳ制限区域」というエリアが設けられます。通常、誘導路の中心線を示すライトは緑色ですが、ＩＬＳ制限区域にかかる誘導路のライトは緑・白・緑・白の交互の並びです。着陸後は、後続機に対する誘導電波への干渉を防ぐため、このエリアを出た際に管制官への報告が必要となっており、それまで後続機は着陸態勢に入ることができません。

ＩＬＳアプローチは精密進入と呼ばれ、地形などの理由で誘導電波を設定できない場合もあり、国内すべての滑走路に設置されているわけではありません。そこで活躍するのが、非精密進入と呼ばれるＶＯＲ（VHF Omni-directional Radio Range ＝超短波全方向式無線標識施設）アプローチやＲＮＡＶ（Area Navigation ＝広域航法）アプローチです。

ＶＯＲは、電波標識に対してどの方角に自機がいるか計器上に示すことができ、補修工事などでＩＬＳが停波する際に代用されることもあります。ＲＮＡＶは、航路の地点「ウェイポイント」上を通る方式のため、ＶＯＲなどの地上無線施設の配置に左右されず柔軟な進入経路の設定が可能です。

進入方式は管制官から指示を受けますが、最終的にはパイロットの判断で、状況に応じて指示と異なる方式をリクエストすることもあります。

例えば以前、新千歳空港へ着陸する際に、快晴かつ前方の航空機との間隔が広かったため、ビジュアルアプローチをリクエストしました。ビジュアルアプローチとは、目視で滑走路へ着陸する視認進入方式です。進入経路を短縮できたことで、予定時刻よりも少し早くお客さまをお連れすることができました。

空港周辺では、雲や風など、計器類だけでは判断できない事柄があります。どんな状況下でも安全に着陸を行うために必要なのは、やはり操縦桿を握るパイロットの技術と経験です。「昨日よりは今日、今日よりは明日」。技術の進化とともに自身も常に進化を続けなければと感じています。

（2016年3月号）

同時平行進入

朝や夕方の時間帯、出発機や到着機で混み合う羽田空港。滑走路へ向かって高度を下げている機内から外を眺めていると、同じように着陸態勢に入っている別の旅客機が真横に見えて、「まるでプラットホームに入っていく電車みたいだなぁ」などと思われた方もいらっしゃるのではないでしょうか。

２０１０年、羽田空港では新しい海上滑走路の運用が開始され、離着陸できる便数が大幅に増えました。４本ある滑走路は、風向きに応じて離陸用と着陸用に使い分けられ、ＧＰＳ（全地球測位システム）などの電波を使った精度の高い広域航法が行われることで、1時間あたり最大で40回の離陸と着陸が可能となっています。

それに伴い、空港周辺の飛行経路や運航方式も変更され、国内で初めて「同時平行進入」が始まりました。これは平行している滑走路を使用するそれぞれの旅客機が、互いに前後の間隔を取ることなく離着陸ができるというもので、現在、成田空港でも運用されています。羽田空港の場合、タイミングが合えば、第1ターミナル側のA滑走路と第2ターミナル側のC滑走路に向かい、ほぼ真横に並んで着陸していく隣の旅客機を、機内から眺めることができます。

また、「着陸のときに外を眺めていたら、すぐ近くを別の旅客機が横切っていったけど……」と、少し驚かれた方もいらっしゃるでしょう。

実はこれも、変更された運用に関わる話で、着陸機の飛行ルートが低空で交差していることにより起こります。羽田空港では目的地や出発地によって、あらかじめ使用する滑走路が決められており、具体的には日中、南よりの風が吹くことが多くなる春から夏にかけては、北日本へ向かう便はC滑走路から、西日本へ向かう便は主にA滑走路から離陸します。

一方、着陸の場合は、北日本から来る到着便がD滑走路（海上滑走路）、西日本から来る到着便がB滑走路を使用します。

羽田空港においては、北日本よりも西日本と結ぶ便数の方が多く、処理能力の関係で、西日本からの到着便は、千葉県の上空で北日本からの到着便と交差し、B滑走路へと着陸していきます。そのため、タイミングが合えば、交差ポイントで飛行している旅客機を間近に見ることができるのです。

なお、各旅客機はレーダー誘導など、高精度の装置により、それこそ線をなぞるように正確な飛行ルートを通っていますので、近くに見えても心配ありません。

（2012年4月号）

７３７の得意技

ＪＡＬボーイング７３７－８００は、国内線の主力機として全国30都市以上に就航しています。この７３７－８００でしか行うことができないのが、「ＲＮＰ ＡＲアプローチ」と呼ばれる、空港へ着陸するための進入方式です。

各空港への進入方式には、いくつか種類がありますが、主流は「ＩＬＳ（計器進入着陸装置）アプローチ」という方法です。これは、レーダーによる監視のもと、管制官の誘導に従って所定の経路を飛行した後、滑走路の末端から発信されている電波をとらえて、自機の位置を確認しながら進入していきます。電波を受信できるのは、滑走路のほぼ延長線上に限られるため、最終進入経路は長い直線になります。

一方「ＲＮＰ ＡＲアプローチ」は、電波の誘導ではなく衛星位置情報などを使用して、設定された経路上を正確に飛行しているかを、航空機に搭載された計器類で監視しながら進入していきます。万が一、経路から外れた場合は、自機の計器上に警告が発せられるため、管制官の誘導を必要としません。

そのため、直線の電波にとらわれることなく、曲線を描いて滑走路へ進入できることが最大の特徴です。飛行ルートが短くなり、時間を短縮し燃料を節約することができます。

例えば、ＩＬＳでは不可能だった、山間などを旋回しながら飛行する経路も設定できます。青森空港への進入では、風向きや天候にもよりますが、このアプローチをしていると、四季折々の表情豊かな八甲田山の山景を、間近で体感していただけるかもしれません。

この他にも、秋田、北九州などの空港で「ＲＮＰ ＡＲアプローチ」を行うことができます。通常よりも障害物の近くを飛行することもあり、パイロットが各空港周辺の地形や、障害物の位置・高さなどを熟知していなければなりません。さらに、高精

度の機器を厳しくチェックしなければならず、その技量を維持するための毎年の訓練が義務づけられています。
このように「RNP ARアプローチ」は、いくつもの条件を満たさなければならないため、国からの特別な許可が必要です。現在、JALグループでは737－800のみで行うことができます。
（2018年7月号）

雨の日のフライト

梅雨に入り、雨の日が多くなると、外出前には事前に天気予報を確認したり、突然の雨に備えて折り畳み傘を持ったりなど、皆さまもさまざまな対策をされているかと思います。

私たちパイロットも、フライト前には各種気象データや揺れの情報などに基づいて飛行計画を作り、さまざまな状況に備えておりますが、航空機自体にもいろいろな対策機能が隠されています。

航空機の形をご想像いただくと、先端が少し尖っているイメージをお持ちになるかと思います。実は、その航空機の鼻先の部分は「レドーム（Radome）」と呼ばれ、気象レーダーをはじめいくつかのアンテナなどが入っています。レドームとは、レーダーとドームを合わせた造語といわれています。

このレドームのなかに装備されているアンテナで、レーダーが前方の雲や雨を探知して跳ね返ってきた時間を計測し、その雲との距離や雨の強度がわかるようになっています。

計測された結果はコックピットの計器に表示されます。反射強度の強いものから、赤色、黄色、緑色に色分けされており、パイロットはこの計器を活用しながら、航路上の雲や降雨の状況を確認しているのです。その雲が巡航の妨げになるものかどうかなどを判断し、気象状況によっては、あらかじめ承認を受けた航路から変更許可を管制官にリクエストすることもあります。

パイロットは、出発前に準備した気象データや航路上の揺れに関する情報に加えて、航空機の鼻に備わったレーダーでタイムリーな気象状況を捉え、安全な運航に努めています。

また、レドームの表面にはいくつもの線が刻まれています。これは「ライトニングストリップ」と呼ばれ、万が一、航空機前方が被雷した場合に、そのエネルギーを逃がす役割があります。

さまざまな航空機を正面からご覧になってみると、航空機の鼻の形をご確認いただけるほか、各機種によって顔の表情も異なっていることにお気づきいただけるでしょう。航空機の顔の表情を楽しみながら、そこに隠されている高性能な機能をご想像いただければと思います。

（2019年6月号）

夏のブレーキ温度

私たちパイロットにとって、気温が高くなる夏場の運航は、さまざまな注意が必要です。

航空機のタイヤにはディスクブレーキがあり、タイヤと一緒に回転する円盤と、固定されている円盤が交互に並んでいます。操縦席でブレーキペダルを踏むと、シリンダーがギュッと円盤全体を押し付け、円盤の回転速度が抑えられてブレーキがかかります。

着陸の際は、主にこのブレーキを使用しながら、エンジンに装着されているリバース・スラスト・システム（逆噴射装置）と、主翼に付いているスポイラー（制動板）を調整して、航空機を一気に減速させています。

ボーイング787の場合、着陸時の機体の重さは約200トン、時速は250キロもあるため、ブレーキには大きな負荷がかかり、ブレーキの温度は約400度にも達するといわれています。高温の状態では、ブレーキの性能が落ちるだけではなく、タイヤが過熱し破裂してしまう恐れもあるため、出発前には、ある一定の温度まで下げなくてはなりません。

パイロットは、整備士と連携をとりながら、着陸後から次の出発までの間に、ブレーキの温度を確認しています。コックピットの計器に示される温度の表示方法や、出発に制限がかかる温度基準などは、機種によって異なっています。

787では、0~9・9のレベルで温度が表示され、3以上になった場合には、出発をすることができません。冬場であれば気温が低いため、駐機している間に自然とブレーキの温度が下がりますが、夏場は気温が高いため、ブレーキの温度が下がりにくくなってしまいます。

その際には、「ブレーキ・クーリング・ファン」と呼ばれる送風機をタイヤの中心部に装着し、強制的に冷却するのです。
夏場、空港に行かれる際には、駐機している航空機のタイヤに注目してみてください。白や黄色のフタのような形をした機械が、タイヤを挟み込んでいるのを見ることができるかもしれません。

（２０１７年８・９月号）

雪への備え

航空機は、主翼の上下面に風を通すことにより飛ぶことができ、その主翼の断面は揚力を発生させる特殊な形をしています。しかし、その主翼に雪が積もると断面の形が変わり、必要な揚力を得ることができません。

そのため、私たちパイロットは、「Keep it clean」という冬期運航の大原則のもと、機体に付着した雪や氷を除去して安全な離陸に備えています。

降雪時には、機体に積もった雪を取り除き、雪が積もらないようにする作業を行わなければなりません。これは、パイロットがそのときの状況で判断し、地上スタッフと連携して、クレーン車のような「ディアイシングカー」という作業車を使って「防除氷液」を機体に散布します。

皆さまは、翼の付け根付近に黒い帯状のペイントや、黒枠の黄色いシールが貼ってあるのをご覧になったことがあるでしょうか。実はこれ、防除氷液の有効性を確認するための目印なのです。パイロットは機内から、これらの目印や機体番号、塗装の見え方などをチェックしています。

防除氷液にはさまざまな種類があり、離陸に影響を及ぼす気象現象、外気温、降雪の強さなどによって有効時間が定められています。この時間を「ホールドオーバータイム」といいます。

私たちパイロットは、離陸前にホールド

オーバータイムを超えないよう、タイミングを見計らいながら作業を行います。そのため、出発時間の遅れなど、お客さまにご迷惑をおかけしてしまう場合もありますが、安全運航のための必要な手順ですので、ご理解いただけますと幸いです。

また状況によっては、地上走行中に、一定間隔でパワーを出してエンジンに付着した雪や氷を飛ばす「エンジンランナップ」という作業を行うこともあります。

このように冬の運航は、私たちパイロットにとって、季節特有の念入りな準備が必要です。しかし、コックピットから見える幻想的なオーロラや、滞在先で出合う冬の味覚やクリスマスマーケットなど、冬ならではの楽しみもあります。

（2018年1・2月号）

エコ・フライト

ご存じのとおり、航空会社は街と街、人と人を短時間で結ぶ役割を担っています。しかし、航空機が空を飛ぶためには、たくさんの燃料が消費され、大量のCO_2が排出されています。そこで私たちパイロットも、出発から到着までの間に、さまざまなCO_2削減の取り組みを行っています。

まずは、駐機中。航空機の下に、ケーブルで数台の車がつながれているのをご覧になったことがあるでしょうか。黄色いコードは電力を、グレーのチューブは空調を地上から供給しています。

出発の5~10分前、機内照明が一瞬暗くなることがあります。

これは電力と空調の供給が、地上の電源から飛行機尾部にある小さなエンジン、A

PU（補助動力装置）に切り替わったことを意味します。APUの稼働中はCO_2が排出されるため、パイロットは出発間際まで地上電源を使い、APUに切り替えるタイミングを遅らせているのです。

フライト中も、燃料効率の良い高度を飛行するよう心がけています。基本的には、高度が高いほど空気の密度が低く機体の抵抗が少ないため、燃費は良くなります。天候や空の混雑状況などを考えて、安全性、定時性を優先しながらの判断となります。

降下時はフラップ（着陸時に使う揚力を高める装置）の角度を浅く小さくし、また出すタイミングを遅らせています。機体の抵抗が減る分、エンジンの出力が少なくなり、燃料の消費を抑えることができます。

最後に着陸後。JALグループの航空機は「エンジン・アウト・タクシー（Engine Out Taxi）」と称して、空港の状況、気象条件などが整った場合には、2つあるエンジンのうち1つを停止しながら、駐機スポットへ走行します。機内の音が静かになるため、その変化に気づかれたことのある方もいらっしゃるかもしれません。

季節にもよりますが、ボーイング737においては、この「エンジン・アウト・タクシー」の実施で、1カ月間に50トン以上のCO_2削減が可能といわれています。これは、約3500本の杉の木が1年間に吸収するCO_2の量に相当します（杉の木1本が1年間に14キロのCO_2を吸収すると仮定）。

（2016年10月号）

JALグループ航空機コレクション

Airplane Collection

Boeing 777-300ER 国際

●長距離国際路線を主力とする最新鋭ハイテク機。強力なターボエンジンは直径3.5mで、Boeing737型機の胴体の直径とほぼ同じ ●北米、ロンドン、パリ線ほか

Boeing 777-300 国内

●グループで最大の座席数。ジャンボ並みの高い輸送力で国内の幹線にて活躍。777シリーズは機体の最後部が縦方向に平面的な形をしているのが特徴 ●羽田ー沖縄ほか

Boeing 777-200ER 国際

●(-300ER) より10.2m短い。中距離国際線で活躍 ●シンガポール、香港、ソウル、台北線ほか

Boeing 777-200 国内

●(-300) より10.2m短い。ファーストクラス14席を含む3クラス仕様 ●羽田ー伊丹・札幌・福岡・沖縄ほか

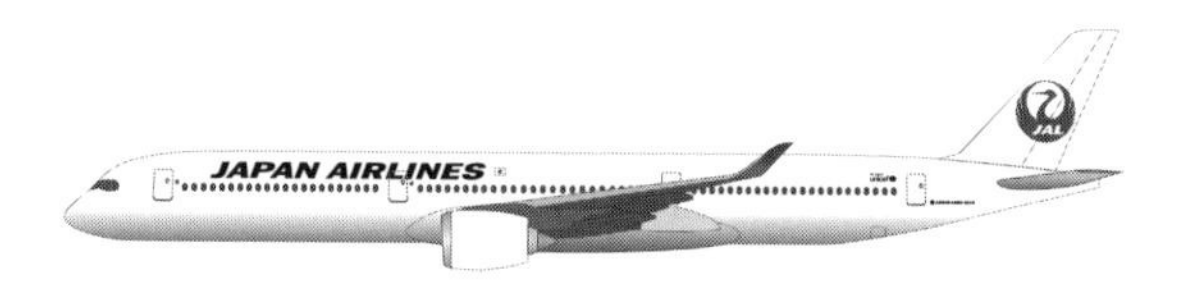

Airbus A350-900 / -1000 国内

●欧州の航空機メーカー「エアバス社」製。 ●(-900) 羽田ー札幌・福岡・沖縄、(-1000) 未定

Boeing 787-9 国際

●低騒音・低燃費・最速のハイテク機材で長距離国際線にて使用。反り上がった主翼とエンジンの後ろ側のギザギザが特徴。機内の湿度を保つ装置を搭載しており快適 ●北米、フランクフルト、クアラルンプール、ハノイ、デリー線ほか

Boeing 787-8 国際 国内

●(-9) より6.1m短い。 ●(国際) モスクワ、メルボルン線ほか、(国内) 羽田ー伊丹・福岡ほか

Boeing 767-300ER 国際 国内

●国際・国内をカバーする主力の機材として活躍。一部の機材には翼の先端にウイングレットという小さな翼がついている ●(国際) ホノルル、コナ、北京線ほか

Boeing 767-300 国内

●1986年就航でグループ内最年長。全機が『JAL SKY NEXT』仕様 ●羽田一全国主要空港

Boeing 737-800 国際 国内

●小型でも近距離国際線や国内地方路線で広く活躍。機体の先端の形は鋭く、主翼の先端にウイングレットがついている ●(国際) プサン、天津、台北線ほか、(国内) 羽田一全国主要空港、札幌一伊丹・関西・名古屋、福岡一沖縄ほか

JAL グループ航空機コレクション

	全長／m	全幅／m	全高／m	最大座席数	巡航速度／km/h	最大航続距離／km
777-300／300ER	73.9	60.9／64.8	19.7	500／244	905	3,550／14,340
777-200／200ER	63.7	60.9	19.7	375／312	905	3,050／14,040
A350-900／-1000	66.8	64.75	17.05	369	916	5900
787-8／-9	56.7／62.8	60.1	16.9／17.0	291／239	916	14,800
767-300／300ER	54.9	47.6／47.6 or 50.9	16.0	261	862	3,150／10,460
737-800	39.5	35.8	12.5	144 or 165	840	2,010 or 5,200

■ERとは「Extended Range」の略で、燃料をより多く積めるようにして、航続距離を伸ばした航空機

Embraer 190 国内

●全長36.2m／航続距離3,000km　●95席　●ブラジル「エンブラエル社」製。Embraer170型機より6.3m 長く、主翼やエンジンが大型化されている

Embraer 170 国内

●全長29.9m／航続距離2,600km　●76席　●構造上、客室が広々として胴体の形も特徴的

SAAB 340B 国内

●全長19.7m／航続距離1,810km　●36席　●グループで最小。鋭角の先端と、ピンと跳ね上がった「ユーロピアン・スタイリッシュ」の尾翼が特徴

ATR42-600 / 72-600 国内

●全長22.7m、27.2m／航続距離1,326km、1,528km　●48席、70席　●プロペラ機のなかでも静か。離島医療における患者さんの搬送などにも貢献

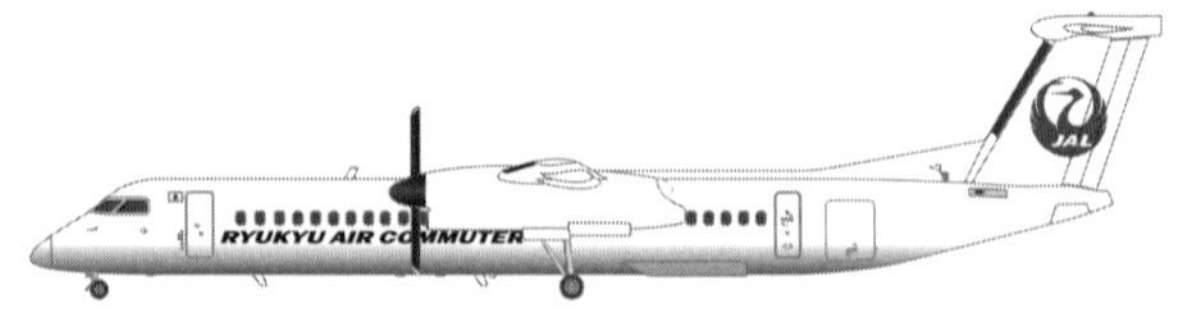

Bombardier DHC8-Q400CC 国内

●全長32.8m／航続距離2,367km　●50席　●カナダ製の機体。プロペラ機でも小型ジェット機並みの速度

※一部の機材のご紹介を除きます。記載の情報は 2020 年 1 月現在のものです。

もっと知りたい！　機長のこと

一日の始まり

多くのパイロットは出社後まず、大きな白板に張り出されているマニュアルの更新情報を確認します。

次に個人のメールボックスのチェックを行い、運航を管理する部署のカウンターに「出頭（Show Up）」して、自身の名前と便名の書かれた表に、赤鉛筆で「出社確認」のサインを入れます。

その後、副操縦士と合流して「出発前の打ち合わせ（ブリーフィング）」を始めます。羽田での打ち合わせは、12のカウンターデスクが用意されたスペースに、本社のＯＣＣ（Operations Control Center）から発信される運航情報を確認するためのコンピューターが1台ずつ、デスクに置かれています。

ちなみにデスクは、右側が東京より南へ運航する便、左側が北に運航する便と分けられ、ディスプレイの右側に到着地名が書かれたパネルが見えるように置かれます。例えば沖縄へ出発する便なら、「ＯＫＡ（那覇空港の空港コード）」という具合です。

自分が担当する便のテーブルにつき、機長と副操縦士は、お互いの名前、ライセンス、アルコールのチェックを相互に確認し、打ち合わせを始めます。

打ち合わせはディスパッチャー（運航管理者）を交えての場合もありますが、現在ではＯＣＣが作成発信したフライトプランをベースに、機長と副操縦士によるＰＯＢＳ（Pilot Oriented Briefing System）が主流となっています。

私たちは航空法に基づいて、航空機の出発前に行わなければならない確認事項が詳細に定められています。代表的なものは、気象情報、空港情報、機体の整備状況、燃料、重心位置、積載物の安全性の６つです。これらを確認して、最終的に高度や飛行ルートの決定を行い、機長のサインを記して終了します。

ブリーフィングの大きな目的は、意思の共有です。航空機は２名で操縦していますので、気象や環境の変化に対応するために、どのような方法で対処することが正しいか、同じ目的に同じ方法で対応できるよう、出発前に共有しておくことが重要です。
私たち運航乗務員は、定時に安全に、そして快適にお客さまをお送りするために、想定されるすべての出来事に冷静かつ柔軟に対応するのだと、地上スタッフの協力のもと、このデスクで再確認をしています。

（2014年6月号）

出発前打ち合わせと外部点検

出発前のブリーフィングを終えたのち、私たち運航乗務員は、お客さまより早く操縦する航空機に到着します。コックピットに入ると、整備担当者が待機しているので、最新の整備状況の説明を聞きます。

自動車と同じように、航空機にも1機ずつ、「Aircraft Log」という整備記録ファイルがあり、整備担当者の署名ののち、機長も署名し航空機を引き継ぎます。現地に到着後は、Aircraft Logにそのフライトで発生した事象を記録し、署名の上、現地の整備担当者に渡します。航空機は1日に何回もお客さまにご搭乗いただきますが、フライトごとにこのやりとりが行われます。

話を出発前に戻しましょう。私たちはその後、同じく整備担当者より「Cabin Log」

の説明を受けます。例えばサービスカートが1つ動かしにくいとか、読書灯が切れた、という最新の報告がなされます。

これらに迅速に対応してもらうよう指示を出し、全体の飛行計画に則って、運航乗務員と客室乗務員合同のブリーフィングを開始します。例えば現地に向かう途中で飛行機が揺れると想定されたときには、シートベルト着用のサインを出すことがあります。客室乗務員はその前にサービスを一旦終了し、安全な機内環境となるよう、備品の格納状況をチェックし、お客さまを座席に誘導します。

さて、合同ブリーフィングが終了したら、運航乗務員はコックピットに戻り、主に副操縦士がコンピューターに飛行計画のデータ入力を始めます。機長の私は蛍光塗料が塗られたジャケットを着け、外部点検に向かいます。ボーディングブリッジ横の階段から下に降り、機種別にあるAOM（Air Craft Operating Manual）に則って確認を始めます。

ドア周り、タイヤの状態に違和感がないか、小石を拾っていないかなどを目視しながら、小さな孔の奥に設置された各種のセンサー類が枯れ草などで詰まっていないかなども確認します。

ひと回りして安全を確認したあと、私は空を仰ぎ、雲を見て、風や温度、湿度を感じ、急激な気象の変化の有無を探るようにしています。出発前のチェックはまだまだ続きます。

（2014年7月号）

離陸前のコックピットにて

外部点検終了後、機長はコックピットに戻り、飛行計画のデータ入力をした副操縦士とともに、コックピット内での離陸前最終確認へと移ります。

チェックリストに則って、インターフォンや緊急時のシグナル、ランプ類などが作動することを確かめます。インターフォンのテストは、例えば、コックピット内から客室乗務員に向けた連絡や、お客さまへのアナウンスが聞こえるかどうか、実際に客室乗務員と一緒に確認をしています。

ボーイング737－800のランプ類は、スイッチのモードは3つで、上からTEST、日中用のBRT（Bright）、夜間用のDIM（Dimming）となっています。TESTにセットすると、コックピット内すべてのランプが点灯する仕組みですので、不具合をすぐに見つけることができます。

そして、副操縦士とともに、離陸滑走路からの出発方式と、到着地までの飛行コースを確認するころ、客室では皆さまのご搭乗をお迎えしています。コックピットの私たちは引き続き、今度はセキュリティチェックリストに沿って、機内の危険物の有無を確認した後、燃料が正確に搭載されているかをチェックします。

このようにさまざまな確認事項をお伝えしてきましたが、なかでも重要なのは、この後に行われるテイクオフ・ブリーフィングです。ここでは、タキシング（地上走行）や離陸時に起こり得る突発事項に備え、事前に副操縦士と打ち合わせます。空港ごとに地形も異なり、離陸直後の急激な天候変化にも瞬時に判断ができるよう、細かく情報を共有し、確認を行います。

さて、同じころ航空機の外では、整備士が地上から航空機の最終確認を行っています。彼らから出発予定時刻5分前の連絡を受け、管制官にATCクリアランス（飛行計画の承認）の申請をします。例えば羽田便であれば「Japan Air 326, 5 minutes prior to start up to Tokyo...」という具合です。

私たちの仕事は、お客さまの安全を第一に考え、それぞれの立場で徹底して準備を行うことの繰り返しです。毎回さまざまな条件が変わるなか、いつもと変わらず安全に運航する。そのために、乗務員と地上スタッフのベクトルを合わせることが不可欠なのです。

（2014年8・9月号）

右席と左席

ご存じのとおり、コックピットの前方には2つの操縦席が並んでいます。皆さまはどちらの席に機長、または副操縦士が座るか、おわかりでしょうか。

左右の席ともに同じ計器類が配されているにもかかわらず、基本的に左の席に座るのは機長となっています。この理由には諸説あるものの、その昔、船舶の着岸が左舷で行われていたために、船長席が左寄りにあったことに由来するといわれています。

では、航空機を操縦するのは左席に座る機長かというと、必ずしもそうとは限りません。

実は、機長の職務はＰＩＣ（Pilot in Command）といい、操縦そのものを指すのではなく、航空機の運航に関するすべての指揮と責任を担うことを意味します。一方、副操縦士の職務は「Co Pilot」と呼ばれ、ＰＩＣの補佐や代行を担います。

私たちが行う運航業務には、大きく2つの区分があります。

ひとつは、地上走行や正確に航行するための操縦を行うＰＦ（Pilot Flying）、そして、チェックリストの確認や管制・地上との交信といった補佐を担うＰＭ（Pilot Monitoring）です。

一般的には、機長がＰＦを、副操縦士がＰＭを担当しますが、副操縦士は訓練経験を通して機長と同等の操縦技術を習得しているため、フライトに応じて業務を交替しています。その場合は、2人の操縦士の役割を明確にするため、「You have control.」「I have control.」と発声するなどの工夫をします。

名前に「副」とつくことから、補佐の印象が強い副操縦士ですが、「操縦操作に関わる同等のスキル・知識」を持った操縦士2人でチームとなり、運航に携わっています。

「安全運航を確実にするために、あえてお互いを信用しない。けれど、信頼する」。

これは、機長としての私のモットーです。あらゆる場面で判断が求められますが、最終決断を下すにあたり大切なのは、どれが正しい意見か、ではなく、何がベストの選択かということです。機長と副操縦士は、ひとつのチームとして空を飛んでいるのです。

（２０１５年10月号）

ご搭乗から誘導路まで

出発予定時刻5分前になり、ATC（Air Traffic Control ＝航空交通管制）から出発許可の承認を受けるころ、私たちの準備は山場を迎えます。

まず、お客さまのご搭乗が完了し、ウェイト＆バランス（燃料、乗客などの重量と重心位置のデータ）が決定します。この情報が出て初めて、離陸時に使うパワーとスピードを決めることができます。

この間、コックピットの外では、スタッフがそれぞれの持ち場で最終確認を行っています。進捗把握のため、客室乗務員、地上整備士、ATCなどからの情報をコックピットで受け取り、全体の指揮を執ります。報告内容は、例えば客室乗務員の場合、主に「ドア・クローズ」、「ドアモードのチェンジ」、「最終搭乗者数」、「外国人有無などの乗客情報」の４つです。

ドアがクローズしたということは、機内での最終責任者が、空港支店長から、機長へと移管することを示します。そのため、この「ドア・クローズ」の連絡は、機長にとっては、気が引き締まる瞬間でもあるのです。

すべての確認を終えると、ＡＴＣの承認を得て機体のプッシュバック（牽引車での移動）を始めます。牽引車を外すと、いよいよ自力で誘導路を動き出します。誘導路脇には、数字が書かれた黄色と黒の標識が設置されており、道標になっています。

どの誘導路を通るかは、「Taxi to 16R via Whisky 5」（Ｗ５番の誘導路を通って滑走路16Ｒへ）のように、ＡＴＣの指示を受けます。飛行場ではたくさんの車両や各国からの航空機が行き来するため、ＡＴＣの交通整理によって、渋滞や事故を未然に防いでいるのです。

ところで、ご搭乗時、誘導路の走行中にゴトンゴトンという振動を感じた経験はないでしょうか。

航空法では安全のため、航空機は誘導路内のセンターライン上を通る決まりなのですが、ラインに隣接して夜間用の誘導路灯が埋め込まれているので、その上を通ると機内に振動が伝わってしまいます。そのため、お客さまにとって少しでも快適になるよう、コックピットからは見えない2本の前輪に意識を集中し、タイヤでライトを挟むようにしたり、わずかに横にずらしたりするように操作しています。

（2014年10月号）

離陸へのプロセス

離陸に向けて誘導路を移動中、コックピットでは最終確認を行っています。これは「Before Takeoff Check List」と呼ばれ、離陸前の確認を漏れなく終えたか、という最終チェックです。フラップ（揚力を上げる装置）や離陸速度の設定などがこの対象となっています。

機長と副操縦士との相互確認に加えて、ＪＡＬボーイング７８７では、ＥＣＬ（Electronic Check List）という新システムが導入されています。機体の状態をコンピューターが確認し、未完了項目を察知すると画面上に警告が表示されるため、最終チェックをより早く正確に行えます。

最終チェックを終えると、コックピットはＡＴＣ（航空交通管制）と離陸許可の交信を行います。

ATC「Report ready?」（離陸準備はＯＫか？）

機　長「Ready for departure.」（準備ＯＫ）

ATC「Japan Air XXX cleared for takeoff. Good day.」（離陸を許可する。良い一日を）

といった具合です。

誘導路走行中、客室でポンポンと2回ほど電子音が鳴り、「当機は間もなく離陸いたします……」とのアナウンスに聞き覚えがございませんか？　この電子音は、離陸準備が整ったことを客室乗務員に知らせる合図なのです。

滑走路へは、安全上1機しか入れないため、私たちは地上に航空機がいないこと、着陸する航空機が近付いていないことを十分に確認し、滑走路に進入します。

離陸の方式は2通りあり、ひとつは、滑走路の端で機体を一旦停止し、ブレーキ解除後に加速して離陸する「スタンディング・テイクオフ」、もうひとつは誘導路から滑走路に進入する際、停止せずに機体を正対させ、そのまま離陸する「ローリング・テイクオフ」です。

従来は前者が一般的でしたが、最近では、CO_2の削減、離陸までの時間短縮、機体の重心を安定させ滑走路上での安全をより確実にする、などを理由に、後者が一般的になってきました。

さて、地上を離れると、航空機は上昇を続けます。飛行場によっては周囲に山などがある場合もありますので、まずは400フィートの高度に向けて上昇し、段階を経ながら徐々に高度を上げ、安全に皆さまを空へお連れしていきます。

（2014年11月号）

空の専門用語

私たちパイロットが、日々のフライトを安全に運航するためには、さまざまな場面でコミュニケーションがとても重要です。そのため、機長と副操縦士とのやりとりや、管制官との連絡などでは、空の仕事における特有の言葉を使っています。

まず、パイロットが使う言葉として、皆さまがご想像しやすいのが「ラジャー」という言葉ではないでしょうか。実際、運航業務における連絡で「受け取りました」という意味で頻繁に使われています。

このラジャーという言葉は、アメリカの男性の名前である「Roger（ロジャー）」に由来していると考えられています。現在のように航空機の通信システムが発達していなかったころ、無線通信で、「Received（受け取りました）」の頭文字Rを明確に伝えるために、Roger（ロジャー）の「R」と表現していて、そこから「ラジャー」が使われるようになったといわれています。

次に、フライト中に機長と副操縦士とのやりとりで、日常的に使われているのが「You have control.」「I have control.」という言葉です。これは、2名の操縦士の役割を明確にするためのかけ声です。

コックピットには2つの操縦席が並んでおり、パイロットが行う運航業務は大きく2つに分かれています。ひとつは、地上走行や正確に航行するための操縦を行う「PF（Pilot Flying）」、もうひとつはチェックリストの確認や管制・地上との交信を担う「PM（Pilot Monitoring）」です。

一般的には、機長がPF、副操縦士がPMを担当しますが、副操縦士は訓練経験を通して機長と同等の操縦技術を習得しているため、フライトに応じて業務を交替しています。その操縦の受け渡しの際に声をかけ合い、コントロールの所在を明確にしているのです。

このように航空業界ならではの言葉を使って、私たちパイロットは、限られた時間のなかで、運航に関わるすべての人たちに的確に意思を伝えています。私は「言葉の曖昧さを残さない」ということを常に心がけています。コミュニケーションをとりながら、情報を共有し、お互いの意思疎通を確認することが、より良い運航をするためにはとても大切なのです。

パイロット同士はもちろんのこと、整備士、地上スタッフ、客室乗務員などすべてのスタッフが一丸となって、皆さまを安全で快適な空の旅へご案内いたします。

（2019年5月号）

パイロットアナウンスに思いを込めて

私たちの仕事は、基本的に、ご搭乗いただく皆さまと接点を持つ機会が多くありません。

そんななか、直接声を届けることができるPA（パブリック・アドレス）は、パイロットにとって大切なコミュニケーションツールです。直接お会いしてお伝えすることが難しいからこそ、アナウンスの言葉に感謝の気持ちを込めてお話しするようにしています。

例えば、夏休みや冬休みなどの時期はお子さまのご搭乗が増えますので、状況が許せば、空の旅が少しでも楽しくなるように「今飛んでいる高さは、富士山の3倍の高さです」「飛行機の重さは、シロナガスクジラの約3頭分です」などと、ものに喩えた説明をすることがあります。

また、駐機場に着き、業務に余裕がある際には、なるべく機長の私自身からも、ご搭乗の御礼をアナウンスするように心がけています。

このようなアナウンスに対して、今でも覚えているのは、小さなお子さまが自分で書いた手紙を持って、私たちが降機するまで搭乗ゲートで待っていてくれたことです。とても嬉しく、今でも私のモチベーションとなっています。

ところで、私にとってのＰＡは、ご搭乗の皆さまに向けたものであると同時に、一緒に乗務する客室乗務員に向けたものでもあります。

接点が限られているのはお客さまだけでなく客室乗務員もまた同様で、十何時間のフライトをともにしても、直接話すことがほとんどない人もいます。だからこそ、アナウンスを通して自身の人柄を感じてもらうことで、相談しやすい雰囲気を作りたい、また、お客さまと客室乗務員が接点を持つきっかけになればという思いを込めて話しています。

以前、社内の研修で、コミュニケーションは言葉7％・声の抑揚38％・表情55％で構成されると聞いたことがあります。

この考え方に則ると、客室乗務員と行うインターフォンのやりとりでは、最高の言葉と抑揚で伝えても、伝えたいことの半分しか伝わらないことになります。そのため、本当に大切なことは、コックピットに来てもらい、顔を見て直接伝えるように心がけています。

（2016年1・2月号）

到着に向けて

航空機は、降下が始まる10分ほど前から着陸の準備を開始しています。羽田から伊丹空港への航路を例に挙げると、伊豆半島を過ぎた辺りからその準備が始まります。副操縦士とのやりとりの中で重要なのは「ランディング・ブリーフィング」（着陸実施要領の確認）といわれるものです。

目的地の空港が一定時間ごとに更新する、現地天候、閉鎖されている誘導路の有無や整備中の進入灯位置などの空港情報をもとに、使用滑走路や進入方式、着陸後にどの誘導路へ向かうかといった確認を行います。

いざ着陸態勢に入ると、運航業務はそれまで以上の集中を要します。オペレーション・マニュアル（運航関係の業務に関する基本方針、規則などを定めたもの）では、高度1万フィート（約3000メートル）以下の飛行時、客室からコックピットへの連絡を原則として禁じています。

このコックピットが集中できる環境を「ステライル・コックピット」（ステライルとは「無菌の」という意）と呼んでいます。

皆さまはご搭乗時、着陸態勢に入った際、主翼の後ろ側からせり出す小さな翼を見たことはないでしょうか。この可動部分はフラップといい、広げて翼の面積を大きくすることで、減速する降下時にも揚力を維持する役割を担っています。このフラップの角度やエンジン出力を調整し、天気の急変や進入経路の変更にも瞬時に対応できる状態に安定させた上で、降下を続けていきます。

着陸後は、駐機場までの使用誘導路をATC（航空交通管制）へ確認し、後続機のため速やかに滑走路から離れます。

その後、他の航空機や走行車に注意を払いながら駐機場へ向かい、待機するマーシャラー（航空機誘導員）の誘導に従い、停止線上でブレーキをかけます。これを合図にチョークマン（マーシャラーの補佐員）が前輪に車輪止めを入れ、前輪が固定されるのを待ってシートベルトサインを消灯、そして、航空機のエンジンを切ります。

いよいよ目的地に到着です。私たちパイロットは、次の出発に備えて機体の状態を整備士に報告しつつ、ボーディングブリッジを渡られていく皆さまの背中をお見送りしています。

（２０１４年12月号）

着陸から駐機まで

私たちパイロットは、上空で航空機を操縦するイメージが強いのですが、地上でも大きな機体を操作しなければなりません。例えば着陸後、地上走行に切り替わると、パイロットは、操縦桿ではなく主に操縦席の脇に付いているステアリングハンドルを使って航空機を動かします。

ボーイング737－800の全長は39・5メートル、全幅は35・8メートル。空港によっても異なりますが、航空機が通る地上の道「誘導路」の道幅は、狭いところで23メートルほどしかなく、両翼が約6メートルずつはみ出した状態で走行しています。

そのためコーナーを曲がる際、翼端と標識などがぶつからないよう、翼の大きさと内輪差を考えながら慎重に操縦しています。冬場、雪の多い空港では、誘導路の脇に集められた雪の塊にも当たらないよう注意しなければなりません。

さらに、737－800の場合、操縦席の高さは地上から約3メートル、機体の先端までは約3メートルあり、パイロットは操縦席から前方約14メートル下側が見えていない状態で操縦しています。駐機スポットに入る際には、停止線が見えないため「マーシャラー」と呼ばれる航空機誘導員の誘導が必要不可欠です。

マーシャラーは、車両に付いた昇降機に上って、「パドル」と呼ばれる大きなしゃもじ形の道具やライトを持って、正確な停止位置へと航空機を誘導してくれます。マーシャラーの姿を見ると、「ただいま」と帰ってきた思いがするのです。

しかし、実はここ数年で、マーシャラーに代わり、VDGS（Visual Docking Guidance System ＝駐機位置指示灯）が設置された駐機スポットが増えています。この装置は、赤外線レーザーを使って航空機の位置や速度を正確に測定し、電光掲示板に停止位置までの残りの距離や左右のズレを表示してくれるものです。国内では、中部国際空港、成田空港、羽田空港で導入されていて、操縦席から見て、正面のターミナルビルの壁にあるスポット番号の近くに取り付けられています。

パイロットにとって地上走行は、飛行中や離着陸時と同様に多くの訓練や経験、技術が必要とされます。特に地上走行の開始や停止、旋回の際には、快適性を損なわないようゆっくりと丁寧な操縦を心がけています。皆さまが降機する最後まで安全にお見送りすることが、パイロットの仕事なのです。

（2017年5月号）

フライトバッグに憧れて

　空港で、パイロットがキャスター付きの大きな黒い鞄を引きながらゲートへと向かう姿を見かけたことはないでしょうか。パイロットが使用するこの鞄は、「フライトバッグ」と呼ばれています。

　ずっしりと重そうに見えますが、中に入っているもので最も重いのは、マニュアル類やジェプセンチャート（航空図）です。あらゆる事態を想定し、自身が保有する資格で着陸可能な空港の関連書類すべてを持ち歩くため、かなりの重さになってしまうのです。

　その他の基本アイテムとして、常に携行を義務づけられている、航空英語能力証明・技能証明書などの各種免許類、飛行時間や航空機の型式を記入するフライト・ログブックなどがあります。それ以外に、各国入国時に必要なパスポート、税関申告書、フライト用の手袋、サングラスといったものがあります。

また、日本の地図も入れています。パイロットは元々地図が好きな人が多いのですが、私も例外ではありません。地図どおりの形の下北半島を初めて機上から見た際には大変感動しました。こうした地図は、アナウンスでお客さまにご案内する際に役立つため、重宝します。

他には、私はどの地に降り立っても困ることのないように各国の通貨も準備し、現地ホテルの封筒に入れて、一目でわかるようにしています。

あの真っ黒なフライトバッグは、私にとって子どものころからパイロットの象徴でした。訓練生になりたてのころ、初めて黒いフライトバッグを支給され、やっとパイロットになるのだと、心の底から嬉しく感じたことを覚えています。副操縦士になってからもずっと大切に使っていたのですが、数年前、ついに壊れてしまいました。今ではホームセンターで見つけた鞄を持ち歩き、あの黒いフライトバッグは、思い出として大切に家で保管しています。

電子化の流れが急な昨今、航空業界も同様で、マニュアル類や航空図を電子化し、タブレット1台で管理するEFB（Electronic Flight Bag）の試験運用が始まりました。軽量化に加え、月に数度、手作業で差し替えて更新していた航空図が自動で更新されるなど、非常に効率的な側面が評価されています。

いずれは大きな鞄を持ち歩く必要もなくなり、小さな鞄を片手にゲートへ向かうパイロットを目にする日も、そう遠くはないかもしれません。

（2016年6月号）

機長への道

私の機長への第一歩は、２００１年、海外の大学への入学から始まりました。パイロット訓練を始めるには複数の方法があり、私のように海外の大学を選ぶ者もいれば、国内私立大学の航空学部や航空大学校に進学したり、航空会社に訓練生として入社したりする人もいます。

いずれも、パイロットになるために必要な「事業用操縦士技能証明」と「計器飛行証明」という2つのライセンスを取得し、修了します。私が大学で学んだ期間は約2年間です。その間は7科目・約５００時間の座学や、小さなプロペラ機を使用した訓練、それらの試験をクリアしていく日々を過ごしました。

その後、ＪＥＸ（旧ジャルエクスプレス。２０１４年10月に日本航空と合併）に入社し、副操縦士になるための訓練へと進みます。担当する機種のライセンス発行を受けて、実際の路線を使用する訓練、審査を終えると、副操縦士に昇格となります。

ところで皆さまは、パイロットの制服の袖口に金色のラインが付いているのをご存じでしょうか。その本数は職務により違い、副操縦士は3本、機長は4本です。航空機は船舶の規定から多くを採用しています。機体をシップと呼んだり、搭乗口が左側にあったりするのと同様に、船長もキャプテンと呼ばれ、袖に4本線の入った制服を着用するのが伝統です。

さて、副操縦士として10～15年乗務につくと、約2年間の「機長養成課程」に入ります。国家資格である「定期運送用操縦士免許」を取得したのち、路線訓練へと移行していき、さらに多くの訓練と社内審査、国土交通省の審査を経て、機長として乗務することになります。

機長として常に心がけていることは、ご搭乗の皆さまが今一番望まれることを考え、そのために、運航に携わるすべての人の声に耳を傾けて、相互にコミュニケーションをとりやすい環境を作ることです。

安全で快適なフライトは、自分一人の力では決して成し得ることができません。副操縦士、整備士、地上スタッフ、客室乗務員などすべてのスタッフが、都度最良の選択をできることが条件です。

そのことをしっかりと胸に留めて、今日も空港へと向かっています。

（2015年5月号）

機長の試験と訓練

私たち機長は、常に最高の状態で運航業務に携わるために、年に複数の試験や訓練を義務付けられています。

機長の免許は、一度取得すると永久に有効というわけではなく、試験のどれか1つでも不合格だったり、基準に満たなかったりする場合は、機長として乗務できなくなります。試験や訓練は多岐にわたり、シミュレーターを使った技能訓練や審査、乗客を実際に運ぶ路線審査からはじまり、身体検査、英語の審査やマニュアル、法律の知識確認にまで至ります。

例えば、皆さまにもお馴染みの身体検査は、私たちの場合、目の検査だけでも眼底、眼圧、視野、近視力、遠視力など、多岐にわたります。内科といった一般的なものに加え、なかには、30秒間目を閉じたまま直立して平衡感覚を測る項目もあり、五感すべてを研ぎ澄ます職業ならではの構成です。

通年の審査の中でも存在が大きいのは、やはり技能の訓練・審査です。これらは、コックピットを模した、風景、振動、体感速度、音などを忠実に再現するシミュレーターという装置で行います。以前は「シックスマンス」といい、年2回の実施でしたが、最近は年に4回になり、そのように呼ばれなくなりました。

コミュニケーション能力、特定の事象、視界不良時といった内容の訓練と、CACK（Captain Check）と呼ばれる技能審査があり、いずれも非常に集中力を要します。横風を受けての着陸、離陸中断、エンジン停止や火災などの緊急事態の対処が連続するなか、飛行をマネジメントするという厳しい状況設定を、年に何度も、そして毎年繰り返し実施しています。

ところで以前、ホノルルから成田空港へ向かう際、着陸を目前にして滑走路が緊急閉鎖される事態を経験したことがあります。残された燃料は限られ、予断を許さない状況だったものの、私も副操縦士も全く冷静さを欠くことなく、訓練どおりに対処をして、無事に関西空港へと着陸しました。

技術を向上させ、知識を磨くことはもちろん、日々の訓練を通して、対処する能力が確実に積み上がっていることを強く実感した瞬間です。

(2015年1・2月号)

パイロットの資質

ご家族で旅行されるお客さまにお会いした際、お子さまから「パイロットになるためには何が必要ですか」とよく聞かれます。私は、パイロットに必要なのは、健康、リーダーシップ、学習意欲の３つであると考えています。

まず健康についてですが、パイロットには免許に関わる身体検査が年２回あり、健康管理が強く求められます。お子さまには、できればチームプレーのスポーツをすることを勧めるようにしています。スポーツは健康に良いだけでなく、パイロットの仕事といくつもの共通点があります。

まず、必ずルールがあるということです。ルールを理解していないと、上手なプレーや、試合に勝つことができません。次に、技術が必要だということです。技術を磨くためには、基礎練習の積み重ねが必須です。そして最後に、チームには仲間が存在する点です。

パイロットは、副操縦士、整備士など大勢とチームを組んでフライトを完成させます。スポーツを通して学ぶ、ルールの習熟、基礎技術の鍛錬、チームプレーの大切さは、まさに、パイロットとして体現できることの基礎だと、私は考えています。

また、チームのコミュニケーションが上手くいくことによって、より良い結果を出しやすくなり、その過程でリーダーシップが培われることは、運航チームを引率する機長の仕事とも相通じるものといえるでしょう。

最後に、学習意欲についてです。文系・理系のどちらが良いか気にされる方もいますが、それよりも大切なことは、新たな物事に興味を抱いて学ぶ意欲です。進化し続ける航空業界では、それまでなかった技術が導入される度に、一から訓練し直す必要があります。変化を柔軟に受け入れ、新しいことを積極的に学ぶ姿勢が必要不可欠だといえる職業です。

パイロットに求められる資質は、時代とともに変化します。昔は一人で何でもできることが重要視されましたが、最近では、技術革新や運航便数の増加といった変化を受けて、チームとしての能力を向上させられるコミュニケーションスキルが求められるようになりました。

スキルは、自分の努力で向上できます。しかし、いつの時代であっても、運航を一人の力で成し得ることはできないのです。より良いチームでの安全運航を念頭に、今日も空港へと向かいます。

（2015年12月号）

人を育てるパイロット

２０１５年７月に就航したボーイング７８７－９（ダッシュナイン）。ボーイング７８７－８（ダッシュエイト）との違いは、見た目ではほとんど区別がつきません。しかし、たとえわずかな違いであっても、パイロットにとっては新たな訓練を要します。

私は、そうしたパイロットの訓練・育成の仕事も行っています。

パイロットという職業は、皆さまを安全に目的地へお連れする仕事ですが、時には、新機材の受領や各種マニュアル類の作成などさまざまな業務を行います。私の担当は、パイロットのライセンスの発行に携わる「技能審査員」と、パイロットの育成に携わる「訓練教官」です。

パイロットは、乗務する機種ごとにライセンスを取得しなければなりません。また一度取得すれば永久に有効というものではなく、6カ月に一度の審査や年4回の定期訓練に合格する技量維持が必須です。

技能審査員は、シミュレーターや実際のフライトでの審査に立ち合い、適性や技量を見極めることでライセンスの発行に携わります。一方、教官としては、定期訓練をはじめ、移行訓練や機長昇格訓練での指導を行います。

先日は、ボーイング767から移行した副操縦士を右席に乗せての訓練フライトでした。操縦技術だけでなく、気づきや会話レベルの意識の持ち方に至るまで、安全に通じるすべてが育成の対象です。

教官職に携わるようになり10年が経ちました。訓練・審査を通して、多くのパイロットを見守ってきましたが、人を育てるということは、その方法に答えがあるわけもなく、常にいろいろな考えが巡ります。

しかし、その前提として「人に責任を持つ」ことが安全運航の実現につながることを常に意識、徹底して日々パイロットと向き合っています。

（2015年11月号）

「ファーストオフィサー」を目指して

　ＪＡＬグループのジェイエアでは、現在、自社養成パイロットの訓練は行っておらず、航空大学校などを卒業して、パイロットに必要なライセンスをすでに取得している人を対象に訓練を行っています。

　私は教官として、エンブラエルの「副操縦士昇格訓練」の業務にも携わっています。パイロットへの夢に向かって一生懸命な訓練生の姿に、私自身が力をもらっている毎日です。

「副操縦士昇格訓練」は、通称ＦＯＵＧ（First Officer Up Grade）と呼ばれています。

　訓練は、３カ月間の座学の後、延べ1年間のシミュレーター訓練と路線訓練になります。これまで、ジェイエアのシミュレーター訓練は、静岡県と中国・珠海（ズーハイ）で行っていましたが、羽田にもエンブラエルのシミュレーターが設置され、よりスムーズに訓練ができるようになりました。

シミュレーター訓練は、まず、「ブリッジ訓練」から始まります。これは、ここまでのライセンスの取得訓練にプロペラ機が使われているため、ジェット機の感覚を身に付けるための橋渡し訓練になります。

次に「ＦＦＳ（フルフライト・シミュレーター）訓練」です。気象条件や滑走路状況などをシミュレーターに設定し、あらゆる状況を想定して飛行訓練を繰り返します。この訓練と並行して「実機訓練」も始まります。ジェイエアの場合、中部国際空港で「タッチアンドゴー」といわれる離着陸の訓練を行います。

すべての訓練を経て、国土交通省航空局の審査に合格すれば、晴れてエンブラエルの副操縦士です。名前に「副」とつくことから補佐役というイメージが強い副操縦士ですが、より良いフライトを築くためのチームの一員、「ファーストオフィサー」として欠くことのできない独立した重要な役職です。

パイロットのオペレーションマニュアルには「指揮権の継承順位」という項目があります。「機長に不測の事態が生じた場合は、副操縦士に指揮権が継承される」。当たり前のことですが、私が訓練生のころ、この規定を学び、副操縦士の仕事の重みを再認識しました。

いざというときに、しっかりと指揮権を背負うことのできる人材を育てることが、FOUGの教官としての使命だと思っています。

（2017年4月号）

ファーストフライト

初めて自転車に乗ったときのこと、初めて車を運転したときのこと——皆さまも初めて経験した出来事は、とても記憶に残っているのではないでしょうか。

私は、これまでに小型機を含め4機種の航空機を経験してきました。初めて一人で小型機を操縦したときのこと、機長として初めて操縦桿を握ったときのことなど、私たちパイロットにも忘れることのできない初めての経験があります。

なかでも、私にとって心に残っているのは、訓練生のときの初めてのソロフライトと、機長としてのファーストフライトです。

ソロフライトとは、事業用操縦士の免許を取得する過程で、教官が同乗せずに一人で小型機を操縦する訓練をいいます。

パイロットの間で、初めてのソロフライトは「初ソロ」と呼ばれ、エアラインパイロットにとって最初の大きな節目です。約1年半にも及ぶ訓練で入念に準備をしているため、不安や恐怖よりも、期待に胸をふくらませていたことを覚えています。

初ソロの後は、シャツの背中部分をハサミで切り取って、お世話になった教官からサインをもらうのがパイロットの世界の習慣です。当時、私は教官から「Good Judgementで飛ばしなさい」という言葉をいただきました。

それを教訓に、ボーイング767の機長としてファーストフライトを迎えました。機長として初めてお客さまをお乗せしたときの責任の重さは、決して忘れません。そして、どんなときも最良な判断を下せるパイロットとして、操縦桿から離れるその日まで安全運航を守っていくと誓いました。

さて、このたび私は「飛行教官」を務めることになりました。機長、副操縦士の技能維持や昇格の訓練を担当します。飛行教官は、機種ごとに4つの担当に分かれています。教官になるためには訓練を行い、担当ごとの教官資格を取得していかなければなりません。
私たち教官の使命は、安全の堅持と優良な乗員の養成です。機長、副操縦士が独立した職務を持ち、そのチームパフォーマンスを高めていくことが大切なのです。

（2017年7月号）

マルチクルーとは

春になると、副操縦士として初めて操縦桿を握ったときのこと、機長としてのファーストフライトなど、多くの記憶が蘇ってきます。

副操縦士になるためには、准定期運送用操縦士（MPL＝Multi-crew Pilot License）という資格があります。MPLは、日本では2012年に法制化された新制度です。

JALでは、ボーイング737の操縦を想定して、2014年からMPL訓練が導入されています。訓練は、小型機による訓練の初期段階から、機長と副操縦士2人での〝マルチクルー〟運航を前提として行われるのが特徴で、最新の訓練手法が取り入れられています。

従来のパイロット養成では、まず小型機を単独で操縦するための訓練に多くの時間が割かれていました。

しかし、ほとんどの旅客機がマルチクルーで運航している現在の環境に合わせて、MPL訓練では、より早い段階から航空機の運航に必須なチームプレーを身に付けることに重点を置いています。

私たちパイロットは、出発前の打ち合わせをはじめ、離陸前、巡航中、着陸前など常にブリーフィング（いわゆる作戦会議）を行っています。例えば、運航に支障をきたす恐れのある気象や環境の変化に、どのように対処していくのか、数ある選択肢のなかから、機長と副操縦士2人で最適な答えを導き出します。

同じコックピットに座り、見えている世界は一緒でも、そこから得ている情報はそれぞれ異なります。コミュニケーションをとりながらその情報を共有し、お互いの意思を確認することが、より良い運航をするためにとても大切なのです。

そして私のモットーは、「機長と副操縦士が協力して2人以上の力を発揮する」ということです。

航空機は日々進化しています。複雑化する運航環境に対応していくため、パイロット2人がひとつのチームとなれるような環境作りを心がけています。

（2018年3月号）

最高のバトンタッチ

私たち運航乗務員は常日頃、地上スタッフと航空管制のサポートをいただきながら、運航を続けています。

地上での打ち合わせ時には、各種天気図、衛星画像、雲解析情報などをもとに、スタッフとルートの打ち合わせを行い、フライトプランを決定します。

出発後は、そのフライトプランで本当に正しいか、PLAN（計画）－DO（実行）－CHECK（評価）－ACT（改善）を繰り返していきます。最後のACTを次のPLANにつなげ、螺旋を描くように一周ごとに仕事の内容を向上させて、継続的に業務を改善していきます。

そもそもは1940年代後半から1950年代に提唱された生産・品質管理の手法

のひとつですが、私たち乗務員の世界でもこれを原則として仕事に取り組んでいます。

さて出発後、特に長時間のフライトにおいて、このPDCAサイクルに欠かせない情報となるのが、「PIREP」と呼ばれるパイロットレポートです。

簡単にお話をすると、民間航空機はほぼ決められた路線に従って、全世界共通のルールのもとに飛行しています。ほとんどの路線には先行する航空機が存在していますので、大きな気象変化が起きた場合には、必ず後方に続いている航空機の支援になるよう、情報を発信する取り決めになっています。

これには世界の航空会社のほとんどが加盟しており、英語をベースにした同じ記号を使用しています。

主な内容は自分の操縦する航空機の便名、場所、高度、揺れの強さ、シートベルト着用の指示の有無、客室内でのサービスが可能だったか不可能だったか、などが報告の対象となります。基本的にはコックピットにあるコンピューターを通じて会社のオペレーションセンターを経て、各社へリリースして情報を共有していきます。
お客さまに快適な旅をお約束し、最高のバトンタッチができるようにすること、これは、私たち運航乗務員はもちろん、航空に関わるすべての人の想いです。

（2013年3月号）

エアマンシップ

私がパイロットになってから20年、昔と比べて上空は、さまざまな会社の航空機でいっぱいです。しかし、パイロットの世界では、同じ空を飛ぶ仲間として、助け合い協力し合う意識が非常に定着しているのです。

洋上でパイロット同士がコミュニケーションできるのは、国際的な周波数「123・45MHz」があるからです。

コックピットでは、基本的にVHF、HF、そして衛星の3種類の無線通信を使って、飛行ルートの確認や天候状況などを管制官と交信しています。VHFの電波は、地上局から直線距離で約400キロまでしか届かないため、洋上ではHFと、衛星を利用したデータ通信CPDLC（Controller Pilot Data Link Communication）を使っています。

　そして、洋上で管制官との交信に利用しなくなったＶＨＦを、日本国外では「123・45ＭＨｚ」に切り替え、先行する航空機から揺れの情報などを入手し、安全運航するための貴重な判断材料にしているのです。この周波数は、ＪＡＬのパイロット同士だけでなく他の航空会社のパイロットとも交信することができ、積極的に情報交換が行われています。

　以前、成田発ニューヨーク行きでアラスカ上空を飛行していたときのことです。その日は偏西風が大きく蛇行しており、安全運航に支障のない程度の揺れが予想されていました。ところが、揺れの予想空域よりだいぶ手前で、先行する外国機から「非常に強い揺れに遭遇、注意せよ」との連絡が入りました。

　すぐにシートベルトサインを点灯して、お客さまと客室乗務員、全員の着席を確認。その直後、かつて経験したことのないくらいの揺れに遭遇し、胸をなでおろしたとともに空の仲間に感謝したことがありました。

もちろん、地上での気象解析で新しい情報も運航管理者から送られてきますが、実際に飛行している航空機からの詳細かつタイムリーな情報はとても有益です。

「エアマンシップ」という言葉をご存じでしょうか。よく耳にするスポーツマンシップとは、公平にプレーをして互いの健闘を称え合うことですが、「エアマンシップ」とは、国籍や会社を超えて、飛行機乗り、そして空の安全を守る人たち共通の心得や気遣いだと私は思っています。

「Center one two three four five...」

フライトでこの周波数を設定する度に、エアマンのつながりを強く感じるのです。

（2016年11月号）

パイロットの絆

幼いころ、皆さまは将来どのような職業に就きたいと思っていましたか？

現在ＪＡＬグループでは大勢のパイロットが働いており、パイロットという職業を目指したきっかけも人それぞれです。しかし日々「安全な空を飛びたい」という共通の思いを胸にフライトに努めています。

日本でパイロットになるためには、いくつかの方法があります。私は、自社養成制度でパイロット訓練生としてＪＡＬに入社しました。自社養成の場合、入社後、操縦に必要な知識と技量を身に付ける基礎訓練からはじまり、最終的には定められた期間で旅客機を操縦できる資格の取得を目指して、厳しい訓練と審査を積み重ねていきます。

例えば、アメリカでの実機訓練では、期待や不安を抱えながら、仲間とともにパイロットへの夢を目指します。仲間が自分と同じ失敗を繰り返さないように、毎晩のミーティングでそれぞれの失敗談やコツなどを共有し、助け合い、励まし合いました。マニュアルに書かれている訓練内容や操縦方法だけでなく、先輩や同期など縦や横のつながりから、耳学問で教わることもたくさんありました。

それは、訓練が終わった後の日々のフライトでも同じです。飛行中の揺れに関する報告（ＰＩＲＥＰ）などは、同じ空域で飛行する世界中のパイロットによってタイムリーに行われ、適切な高度選定などに活用されています。

パイロット同士の情報共有はもちろんのこと、運航には、地上スタッフや整備士、客室乗務員など多くの部署、大勢の人が携わっています。それぞれが専門技術を持つスペシャリストですが、チームワークを発揮できなければ、お客さまに満足していただける運航はできません。

これはＪＡＬグループだけでなく、高度な安全が求められる航空業界に共通していえることだと思います。
私は、世界中のさまざまな航空会社が加盟しているＩＡＴＡ（国際航空運送協会）に携わる業務も担当しています。そこでは、国や会社の垣根を越えて、競争ではなく、安全という同じ目標に向かい、気が付けば素晴らしい仲間が増えています。それがパイロットという職業の最大の魅力だと私は思います。

（２０１８年11月号）

飛行機をとりまく　あれこれ

空港の5色の灯り

夕方になると、空港につき始めるたくさんの灯り。滑走路や誘導路には、中心線や両端、停止位置などを示す航法灯火があり、夜間の離着陸、雨や霧などで視程の悪いときなどは、そうした灯りによって、私たちパイロットは運航に必要な情報を得ています。

皆さまも、空港の展望デッキからそれらの灯りをご覧になったことがあるでしょうし、窓側の席に座られていたら、離陸の直前、滑走路上にたくさんの灯りがあり、まぶしく感じられた経験をお持ちの方もいらっしゃるのではないでしょうか。

こうした空港の灯りですが、滑走路や誘導路で使われる灯りの色は何種類あると思いますか？「いろいろな情報を伝えるために、それこそ、たくさんの色が使われているんでしょう」という声が聞こえてきそうですが、実は「赤」「白」「黄」「緑」「青」のわずか5種類しかありません。

具体的にいうと、誘導路のセンターを示すのは「緑」の灯りで、両端は「青」の灯りです。滑走路の中心線は距離によって変わり、離着陸する場合、滑走路の終端から300メートルまでは「赤」、それに続く600メートルは「赤」と「白」の交互、900メートル以降は「白」となっています。また、停止線や滑走路の末端は「赤」、滑走路へ進入する手前にある警戒灯は「黄」の灯りで示されます。

空の世界では、光源から離れた場所からでも色を識別しやすいよう、見分けが容易な5種類の灯りを組み合わせて示すのが国際ルールとなっています。

こうした航法灯火には、これまで強い光を出せるハロゲンランプが光源として使われることが多く、フィルターを通して色を変え、5種類の灯りを作っていました。一方で、最近は消費電力がおよそ3分の1と少なく、寿命は50～100倍、さらに小型化が可能なLED（発光ダイオード）を使った灯りも登場しています。LEDの場合、光そのものに色があり、光量も素早く調整できます。

現在、羽田空港でD滑走路（海上滑走路）の誘導路には、「緑」と「青」のLEDが使われており、コックピットから眺めると、他の誘導路の灯りに比べて、はっきりと見える感じがします。関西空港や成田空港の誘導路でもLEDが導入されており、さまざまな検証を経て、いずれは滑走路で使用される「赤」や「白」などの灯りもLEDに替わっていくのではないでしょうか。

空港の灯りにも、環境対策などが求められるこの頃です。


（2012年5月号）

航空機を導く灯り

先日、旧友との話の中で、夜のフライトで羽田空港に近づくにつれて見えてくる、さまざまな灯りの話になりました。

出張からの帰り道、夜の羽田空港に近づくにつれ、ビルや煙突などの高い建造物の上に、赤いライトや、白い光を放って瞬くライトがご覧になれると思います。

これらは「航空障害灯」といい、航空法第51条で、地上もしくは水面から高さ60メートル以上、または飛行機の航行を妨げる位置にある建造物に対して、取り付けが義務づけられている灯りです。機体はそれらから安全な距離を保ちながら、滑走路の正面に向けて進みます。

滑走路の正面に入りますと、「標準式進入灯」(PALS = Precision Approach

Lighting System）と呼ばれる白い閃光を放つ灯りが目に入ります。原則として精密進入を行う計器着陸用滑走路に設置され、滑走路端から原則９００メートルの長さで滑走路中心線の手前延長方向に30メートルの間隔で並んでいます。

この様子は、機外の景色を映すカメラ（ランドスケープカメラ）で、お客さまにもお届けしています。着陸する滑走路は「滑走路灯」と呼ばれる白い灯りで囲まれ、その中心に「滑走路中心線灯」と呼ばれる白および白と赤の交互のライトが走っています。

さて、その滑走路の左側に「精密進入経路指示灯」という灯りがあるのをご存じでしょうか。

航空機は通常の着陸態勢時、地面に対して3度の角度で降下しています。その角度は操縦室内の計器にも表示されていますが、肉眼でも確認できるよう、地上に対して3度の角度を表示してくれるのがこの「精密進入経路指示灯」で、横一列に4個並んでいます。

この4つのライトが、白・白・白・白なら機体の角度が3度より大きく、赤・赤・赤・赤なら小さい、白・白・赤・赤ならばちょうど良い角度（オンコース）であることを教えてくれます。

滑走路に着陸すると、窓の外にはたくさんの青色と緑の「誘導路灯」が目に入ります。青色の灯りは誘導路の両端を示し、緑色が誘導路の中心を示してくれています。この灯りは世界中どこに行っても同じ色で、豪雨や降雪などの低視程下でも安全にタキシングすることができます。

最近では一部の空港で「Follow the Green」、管制官の指示に合わせて各航空機に対し、誘導路の中心線灯が点灯し、航空機を導く画期的なシステムもできました。ぜひ皆さまも空港の灯り、「夜景」をお楽しみください。

（2014年5月号）

滑走路の構造

滑走路の構造についてお話しする前に、まずは滑走路の大きさをご紹介します。

日本で一番長い滑走路は、成田空港のA滑走路と関西空港のB滑走路で、ともに4000メートルです。着陸の際には、航空機が時速数百キロのスピードで通り過ぎるため、あっという間に感じられるかもしれませんが、街中でこの距離を考えてみると、滑走路がいかに広大なものであるかおわかりいただけるかと思います。

例えば、東京で見てみると、おおよそ直線距離で東京駅から上野駅が4キロ弱、ジェイエアの本拠地である大阪で見てみると、梅田駅からなんば駅とほぼ同じ距離になります。

また、JALグループが就航しているほとんどの国内空港の滑走路の幅は、45メートルまたは60メートルです。高速道路の基本の道幅が1車線3・5メートルなので、約13〜17車線分の大きさにあたります。

そんな大きな滑走路ですが、注意深く見てみると、路面に細かな溝がたくさん刻まれているのにお気づきになる方もいらっしゃるかと思います。この溝は「グルービング」と呼ばれるもので、滑走路を左右に横切るように、幅6ミリ、深さ6ミリの溝が32ミリ間隔で刻まれています。

グルービングは、着陸時にタイヤのグリップ力を高め、雨天時などに滑走路上の水はけを良くする役割があります。さらに、水はけの効果をより高めるために、滑走路は中心線から左右に緩やかな傾斜がついており、両脇に水が流れ落ちる仕組みになっています。

JALグループが就航している国内空港のほとんどは、グルービングが施されていますが、航空自衛隊がある三沢空港などはグルービングが施されていません。私たちパイロットは、そのような空港の特徴を熟知して運航に備えております。

また、グルービングは日本やアメリカの空港で多く見られますが、ヨーロッパの空港などでは、路面にたくさんの小さな穴がある「ポーラス・フリクション・コース」が採用されています。これはグルービングと役割は一緒で、空いている穴から雨水を排水する仕組みとなっています。

一日に何度も航空機が離着陸を行う滑走路は、大きな衝撃にも耐えられるよう丈夫につくられており、安全のためのさまざまな工夫が施されています。

（2018年10月号）

滑走路の標識

ご搭乗の際、機内モニターや窓から、滑走路のマークをご覧になったことがあるかと思います。実は、空港によって、滑走路の標識の表し方が異なっているのをご存じでしょうか。標識の色も、基本的には白色ですが、積雪の多い地域では、雪とのコントラストを考慮して黄色で記されています。

空港が近づき、滑走路の端に最初に確認できるのが、山の形が連続した黄色の標識です。この部分を過走帯（離着陸時に問題が発生した場合にのみ使用できる、滑走路の両末端に設けられたスペース）といい、この先に滑走路があることを意味しています。

標識はもう1種類あり、接続する滑走路と過走帯が同等の強度を有する場合は、白色の矢印で表示されています。国内ではごく一部で、那覇空港の南風用の滑走路などで見ることができます。

過走帯を通過した後、滑走路に入ると、横断歩道のようなマークが見えてきます。滑走路末端標識です。滑走路の幅によって本数が決められており、幅45メートルの場合は12本、幅60メートルの場合は16本です。国内では、羽田空港など約3割の滑走路が16本で記されています。

そのすぐ先には、数字で書かれている指示標識が確認できます。これは、滑走路の向きを表しています。方位を36等分し、北向きを36として時計回りに、東は09、南は18、西は27となります。例えば、02とマークされている滑走路は、北から時計回りに20度の北北東を示しています。

そして着陸間際、2つの大きな四角い形をしたマークが見えてきます。これは、目標点標識といい、着陸時にとても重要な目印です。豆腐の形に似ていることから、パイロットの間では、通称「お豆腐」と呼ばれています。幅10メートル、長さ60メートル、バレーボールのコート3面分を超える大きさです。
私たちは、このマークを目標にして安全な着陸を目指しています。飛行訓練の当初、「あのお豆腐を目印に着陸しなさい」と、教官からよく言われたものです。
私は、これまでに、国内外100を超える空港に降り立ってきました。滑走路に着陸して駐機場に向かうと、地方空港などでは展望デッキが近く、コックピットに向かって手を振ってくださるお客さまがいます。その姿を見ると、「ただいま」とその土地に帰ってきた気持ちになり、着陸の緊張感が少しずつ和らいでくるのです。

（2016年12月号）

駐機場の形

空港は大きく分けて、管制施設、駐機場、誘導路、滑走路、ターミナルビルで構成されています。このうち駐機場とは、お客さまの乗り降りのほか、荷物の積み下ろしや、燃料の補充、整備などを行うために航空機が停まるスペースのことです。

国内の多くの空港で見られる最もシンプルな駐機場は、ターミナルビルに航空機を直接横付けできる横に長い形をしています。羽田空港は、両側にもターミナルビルがあるためコの字形をしています。

この他、ターミナルビルから離れた場所に駐機する、いわゆる「沖止め」の空港もあります。この場合、ターミナルビルから航空機まではバスなどで移動し、タラップと呼ばれる階段を使って機内へご案内します。航空機を間近で見ることができるた

め、ちょっとした旅の思い出になると思います。

また、宮崎空港には航空大学校専用の駐機場があります。旅客ターミナルの反対側に「航空大学校」の大きな文字を目にしたことがある方もいらっしゃるかもしれません。私が航空大学校の学生のころ、旅客ターミナルに停まっている航空機を眺めながら、パイロットを目指して訓練に励んでいたものです。

海外には、ユニークな形をした空港もあります。例えば、パリのシャルル・ド・ゴール空港は円形状の駐機場です。フランスらしいデザイン性のある形で空港を楽しめるのですが、パイロットにとっては注意しなければならないこともあります。滑走路から駐機場に向かう「誘導路」が曲線になっているため、自機が進んでいる方向が把握しにくい場合があります。その際には、管制官に再度確認をとり、副操縦士と協力して最大限の注意を払って走行しています。

また、シンガポールのチャンギ国際空港やロンドンのヒースロー空港では、滑走路から駐機場までをスムーズに誘導するシステムが導入されています。管制官から「Follow the Green」と無線で伝えられると、誘導路の中心線を表す緑色のライトが点灯し、その光をたどって駐機場に向かいます。

（2017年12月号）

チャーター便

ＪＡＬグループでは、世界各地に定期便を運航していますが、その他に夏季繁忙期や年末年始など、通常は運航していない空港へチャーター便を飛ばしています。アラスカ、パラオ、クロアチアなど、私たちパイロットにとっても普段なかなか行くことができない場所なので胸が高鳴るのですが、楽しいことばかりではありません。

チャーター便の準備は、運航の1年前から始まります。機材の調整、現地空港の確認、実際のオペレーションまで、延べ数百人のスタッフが関わり、当日のフライトを迎えます。

パイロットにとっても、これまでに運航経験のない航空路や空港となるため、事前の調査や準備を計画的に進めなければなりません。特徴的な進入方式、複雑な滑走路や誘導路の形状などの注意点を確認し、予想される特異な気象現象や管制指示などを繰り返しイメージします。

私は以前、羽田からマカオへのチャーター便に乗務しました。

マカオ国際空港は、中国・香港の西、タイパ島の東側の埋め立て地にあります。空港北側には、マカオの住宅街や山があるため、風向きによっては、低い高度で機体を旋回させながら着陸をしなければなりません。旋回を開始するポイントが少しでもずれた場合、着陸をやり直さなくてはならないこともあるため、準備は入念に行いました。

また、滑走路が空港東側の海上人工島にあるため、離着陸の際、航空機は駐機場があるタイパ島との誘導路を渡る必要があります。午前0時過ぎに羽田を出発し、午前4時ごろにマカオに到着。まだ夜明け前、暗く狭い誘導路を渡りきるまで、緊張が続いたのを覚えています。

到着後すぐに機体を引き返さなければならず、後ろ髪を引かれる思いで、関西空港へ向かいました。滞在時間はわずか2時間でしたが、駐機場から見たマカオの街のネオンは煌びやかで、今でも記憶に残っています。

（2017年1・2月号）

時差との付き合い方

海外へのご旅行やお仕事の際、いろいろと計画をしていたにもかかわらず、時差によって予定どおりに過ごせなかった経験がある方もいらっしゃるのではないでしょうか。

ＪＡＬグループのボーイング７７７は国内線から長距離国際線まで運航しているため、スケジュールはさまざまな路線で組まれています。通常、北米・欧州路線は２泊４日、ホノルル・東南アジア路線は１泊３日で、ほとんどの場合、到着した日とその翌日の２日間が現地での滞在となります。

滞在先ではクルー同士で食事を楽しむこともありますが、時差の調整や、特に復路の乗務が深夜に及ぶ際には、フライトに備えた体調管理に多くの時間を費やしています。

フライト中に集中力を維持しなければならないパイロットにとって、体調管理は重要な仕事のひとつです。JALグループでは、より科学的な根拠に基づき、時差や睡眠に関する正しい知識と対処方法を身に付ける取り組みも行っています。

人間には、ほぼ1日周期で体内環境を変化させる機能（体内時計）が生まれながらにして備わっています。体内時計が刻む周期は、24時間よりもわずかに長く、目の網膜を通して光の強度の情報を受け取り、生活の周期である24時間に微調整しながら対応しています。

それには、質の良い睡眠と充分な睡眠時間が欠かせません。滞在先で寝るときには、睡眠の質を上げるために可能な限り明るい光や耳障りな音を遮った環境にすること、携帯電話などの電子機器を遠ざけることなど、さまざまな工夫をしています。コーヒーなどに含まれるカフェインの効果や適切な摂取方法を理解しておくことも大切です。

海外では、朝方に太陽光などの強い光を浴びて、体内リズムを現地時間に同調させることもあります。私は街中を散歩してリフレッシュすることが多く、なかでもマンハッタンの街を自転車で走るのがお気に入りです。

また、日頃から生活リズムを整え、睡眠不足が蓄積しないよう配慮しています。良質な睡眠は明日への活力につながります。皆さまも日常生活で心がけてみてはいかがでしょうか。

しかし、現実は教科書どおりに上手くいくことばかりではありません。そんなときも私たちパイロットは、先人たちの知恵と科学的な根拠に基づいた最も適切と思われる対応を行い、常に体調を万全にしてフライトに臨むよう努めています。

（2018年6月号）

雲に学ぶ

普段は地上から見上げる雲ですが、空中から見る雲というのは実に不思議なものです。訓練生としてコックピットに同乗した入社当時、初めて雲に突入したときの胸の高鳴りを今でも覚えています。

航空機にとって、雲は航路を左右する大きな存在です。ご存じのとおり、雲は、あたたかい空気により水蒸気が空高く上昇し、微細な氷や水の粒になったもので、そのほとんどの過程で上昇気流が生じています。ちなみに、霧も同様のメカニズムで発生します。地表と接しているか否かで呼ばれ方が違うだけなのです。

私たちは気流の乱れによる航空機の揺れを避けるため、雲の種類に応じて航路を決めなければなりません。航空機には雲の雨粒の大きさを感知する気象レーダーを搭載していますが、航路から避けるべき雲は見た目でもわかります。

夏によく見かける入道雲と呼ばれる積乱雲は、その代表例です。あのように形がはっきりとしているものは、空気の摩擦で稲光するほどに、雲の中の気流が激しく変動しています。もちろん極力、積乱雲には近付かないように飛行経路を変更しますが、機内の照明が暗くなるころ、窓の遠くに積乱雲の稲光を見ることができるかもしれません。

ところで、空に地球の影ができることをご存じでしょうか?

太陽が沈むときと昇る瞬間、地球上の昼と夜の境目が大気中に投影されることがあります。朝焼けや夕焼けに染まる空とは反対側に発生する、頭上一面のコバルトブルーから淡いピンク色へのグラデーション、そして地平線の彼方に広がるインディゴ色のシルエット。そのシルエットこそが、地球の影なのです。

私は初めてコックピットからその景色を見たとき、美しさに息を呑み、地球が星であることを実感しました。

地球の影は太陽の逆側にできるため、例えば、東南アジア方面へご旅行の際には、日本を夕方に出発する便だと東の空に、夜中に現地を出発する便だと西の空（両方とも左側）に見えることになります。また右側には、地球の影を作る、沈む夕日と昇る朝日がご覧になれます。

（２０１５年７月号）

台風の際には

南の海上で台風が発生。北よりの進路をとり、日本に接近するでしょう——。秋本番を迎える時期には、天気予報で台風の情報を耳にする機会も多くなり、旅行やビジネスなどで旅客機を利用される方にとっては、心配が増えてきます。

台風で、旅客機が運航できなくなる主な理由は「風」です。各旅客機は機種ごと、空港ごとに横風の制限値が設定されており、真横からの風の成分が概ね風速25ノット（秒速約12・9メートル）を超える場合には、滑走路を使用できません（風速25ノットは路面が乾いている状態での制限値。雨や雪などで滑りやすくなる状況、滑走路の表面加工などに応じて、制限値は変わります）。そのため、出発地や目的地の空港で風が強い場合は、運航中止となることもあります。

一方、飛行経路上に台風がある場合は、風が強く、揺れる空域を避けて運航します。私が担当した羽田空港と松山空港（台北）を結ぶフライトでは、行きと帰りのそれぞれで途中に台風があり、飛行経路を大きく変更したこともありました。

このような場合、同じ方向へ向かう他の旅客機も台風を迂回するため、飛行ルートは混雑します。迂回によって飛行距離が長くなったり、混雑のために、飛行時間が通常よりも長くかかったりします。

「高度を上げて、台風を飛び越えてしまうことはできないの？」

このように思われる方もいらっしゃるでしょう。発達した台風は、その背丈が高度1万メートル以上となり、旅客機が巡航する高度よりも高い位置まで激しい揺れなどの影響が及びます。そのため、台風の上を飛び越すことは難しく、迂回するのが最善策となります。

しかし、場合によっては、台風を突っ切ることもあります。台風の風の強い空域は、地表から上空まで一様になっているわけではなく、砂時計のように中央部が狭く、下端部（地表付近）と上端部で広くなっているという特徴があります。台風の状態によっては、安全を確認した上で、風があまり強くない中央部付近を運航することがあり、私自身、飛行高度をそれほど高くとらない羽田空港と伊丹空港を結ぶフライトで、2度、突っ切った経験があります。

台風の周辺では多少、揺れるのですが、台風の目に入った途端、一転して雲がなくなり、風も穏やかになるのは不思議な感じでした。

そんな台風時のフライトでは、機内アナウンスで運航状況を詳しく説明し、揺れに備えて、シートベルト着用サインを長く点灯することになります。ご不便をおかけしますが、安全運航へのご協力をお願いいたします。

（2012年10月号）

ジェット気流の証し

冬の足音が聞こえ始めると、上空では次第にジェット気流（偏西風）が強くなり、コックピットにいると、風速などから季節が変わっていくことを実感します。

強い西よりの風であるジェット気流は、旅客機が運航する高度で、時速300キロを超えることもあり、同じ飛行距離でも、追い風となる東行きと向かい風となる西行きでは、飛行時間に大きな差が出てきます。また、燃料の消費量などにも影響が出てくるので、パイロットとしては、なるべく向かい風の影響は少なくし、追い風はとらえて、効率の良い運航を心がけています。

時には心強い味方になり、時には厄介者にもなるジェット気流ですが、巡航中の揺れにも大きく関わっています。

橋の上から川の流れをご覧になるとお気づきになると思いますが、川を流れる水は上流から下流へ一様に流れているわけではなく、川の蛇行などに応じて、流れの速いところと遅いところがあります。大きく曲がる場所や流速の変化するところでは、流れが乱れて、渦を巻いたりします。

ジェット気流も同じで、単純に西から東へ吹いているわけではなく、上下、南北に蛇行しているため、気流の乱れているところがあちらこちらにあります。そうした場所を旅客機が通過すると、揺れることがあるのです。

「上空で揺れるときは、直前に機内アナウンスがあったりするけど、どうやって見分けているんですか?」。このような質問をいただいたことがあります。

現在の旅客機はハイテク化が進み、上空でもレーダーなどで風を監視していると思われがちですが、残念ながらそうした機能はありません。さらに、風は無色透明なので、基本的に目で見ることができません。そのため、上空では気象などのデータや他機からの情報、雲の形状などを参考にして、パイロットとしての知識と経験をもとに揺れを予測しています。

このように見つけることが難しいジェット気流ですが、お客さまでも簡単に確認できるときがあります。場所や状況によってですが、ジェット気流の南側に沿って、ハケで描いたような薄い雲（巻雲）がなだらかに広がることがあります。ジェット気流で現れる巻雲には、細長く筋状に延びる「シーラスストリーク」や波打つように連なる「トランスバーライン」などがあります。

窓から見て、やや遠くにこうした雲の列が見えているときは、ジェット気流の真っ直中を飛んでいるということになります。

（２０１２年12月号）

航空機の道

２００７年３月に運航を開始したボーイング７３７－８００は、現在ではＪＡＬ国内線の主力機として全国30都市以上に就航しており、美しい日本の風景を機上から楽しむことができます。

上空では航空路と呼ばれる目に見えない「航空機の道」が決められています。最近では、主にＲＮＡＶ（Area Navigation）と呼ばれる航法システムを使って、航空路が設定されています。

これは、慣性航法装置やＧＰＳなどの各種センサーを利用した装置を航空機に装備することで、自機の位置をより正確に把握し、地上の無線施設を使用せずに飛行ルートを設定できる方法です。

そして航空路には、地上の道路と同じようにそれぞれに名前が付けられています。RNAVの経路は、L、M、Y、Zなどのアルファベット1文字と1から999までの数字を組み合わせています。

なかでも、「Y（ヤンキー）28」と呼ばれる航空路を通る羽田～熊本線は、さまざまな景色に出合うことができます。

羽田空港を離陸して3分後、横浜ベイブリッジの上空を通過し、15分後、左下に富士山の火口が確認できます。20分後には右手にアルプスの山々が見え、秋には紅葉を楽しむことができます。

その後、名古屋、京都、大阪の街を眼下に望みながら1時間5分後、左手に本州と四国を結ぶ瀬戸大橋やしまなみ海道が見えてきます。瀬戸内の島々からは、美しい自然の姿を感じることができます。そして、左手に阿蘇山、右手に九重連山を眺めながら進入を開始し、熊本空港の滑走路を目指します。

しかし、このような美しい風景は、パイロットにとって、注意しなければならないポイントでもあります。

例えば、「山岳波」と呼ばれる乱気流です。山に当たった風が山の風下で大きく波打つもので、特に富士山のような大きな独立峰では発生しやすくなっています。そのため、山と機体との距離や高度をしっかりと把握し、最大限の注意を払って飛行しています。

（2017年10月号）

夜間飛行の楽しみ

夜間飛行時に機上からご覧いただける、おすすめの景色をご紹介したいと思います。

ひとつめは、夜景です。ご存じのように、機上は実は素晴らしい夜景スポットでもあります。

なかでも、羽田空港離陸直後の眼下に広がる東京の夜景は非常に美しく、さまざまな光が交差する華やかさは格別です。例えば、34Rという北北西向きの滑走路から離陸した場合、右旋回時の左窓からは煌めく夜景の中に東京スカイツリーや東京ディズニーランドを見つけることができます。

航空機は、滑走路を離れて5分ほどで上空3000メートルに達します。このころコックピットから見えるのは、まるで関東平野を見渡すかのような広大な夜景です。地形をも浮かび上がらせるほど、果てなく続く街の灯りに圧倒されつつ、関東の地を後にします。

そして、海外各地の飛行時にも美しい景色に遭遇します。成田からダラスに向かう際、太平洋を渡り、アメリカ大陸に差しかかるところで、シアトルの上空を通ることがあります。長い洋上飛行を経て最初に姿を現す港町の目映い夜景は、一見の価値があります。シアトルはボーイング787の生まれ故郷でもありますので、感慨深いものです。

夜景もさることながら、私が特におすすめしたいのは、機上から見える夜明けの空です。暗闇の世界がうっすらと群青色に変化し、オレンジ色の光が徐々に差し込む様子は、何度見ても幻想的で飽きることはありません（ただし、日が出ますと眩しさが増すばかりですので、以降はシェードを閉めてお寛ぎいただくことを推奨します）。

最後に、夜間飛行ならではのもうひとつのおすすめとして、オーロラをご紹介します。ロンドンやヘルシンキなどの欧州方面から成田に向かう際、冬場はオーロラが見えることがあります。多くの場合、その色はグリーンですが、時に赤や紫の光が混在し、消えてはまた現れ、ゆらゆらとその形を変える様子はまさに圧巻です。

なお、以前は離着陸時に禁止されていた機内での電子機器の使用に変更があり、作動時に電波を発しない状態にある機器に限り、飛行中のご使用が可能になりました。これにより、ここでご紹介したさまざまな景色も写真に収めていただけるようになりました。

夏になれば、天の川が上空に見える機会も多くなります。ボーイング７８７の窓は、ボーイング７７７と比べて約３割も大きくなっておりますので、夜間飛行の際にも、機上からの美景をお楽しみください。

（２０１６年７月号）

空から眺める富士山

ＪＡＬグループでは毎年、「初日の出 初富士フライト」を運航しており、ご搭乗されたことがあるという方もいらっしゃると思います。

日本の最高峰である富士山は、冬になると真っ白に雪化粧をし、機内から美しい山容を眺められます。特に、羽田空港から西日本方面へ向かう便では、離陸してからおよそ15分後に、富士山の真上やすぐ近くを通過することが多く、天候が良ければ、絶景に出合うことができます。

富士山の標高は約３７７６メートルと、世界各地にある名峰に比べ、高さでは劣ります。しかし、駿河湾からせり上がるように単独峰がそびえ、同心円状に裾野が広がる姿は、世界を代表する美しい山のひとつだと思います。

上空から眺める冬の富士山は、お鉢状の大きな火口や南側の山腹にある宝永火口がくっきりと見え、さらには、山頂部にある気象観測所の建物もわかります。機内からは気軽に眺めることができますが、山頂の気温はマイナス30度以下、暴風も吹き荒れる厳しい環境であり、初日の出などを見るために、重装備で登頂する人がいるのには感心してしまいます。

そんな旅の途中の目を楽しませてくれる富士山ですが、旅客機にとっては巨大な障害物でもあります。周辺では、山岳波などの影響で気流が乱れるため、山頂から半径5マイル（約8キロ）圏内は、高度1万6000フィート（約4877メートル）以下を飛行できない決まりになっています。

コックピットには、飛行ルートなどを計算するコンピューターがあり、画面には通過地点や注意すべき障害物の情報（位置や距離、到達予想時間など）が表示されます。富士山の近くを通る飛行ルートの場合はそのデータを読み取り、機内アナウンスの際に、「〇時〇分ごろ、富士山の南側を通過し……」などと、絶景の見頃をお伝えしたりもします。
以前、きれいに晴れ渡った空気の澄んだ冬の日に、新千歳空港から福岡空港へ向けて飛行していたときですが、秋田空港の上空付近で、遠くに真っ白な山がひとつだけ浮かんでいるのに気づきました。最初、「あの山はなんだろう」と思っていたのですが、近づくにつれて富士山であることがわかり、５００キロ近くも離れた場所から見えていたことに驚かされました。

（２０１３年１・２月号）

冬の美景フライト

パイロットとして乗務していて、冬の到来を感じるもののひとつは富士山です。

季節によって異なる表情を見せてくれる富士山ですが、航空機の運航においては、さまざまな目安にもなっています。地上ではあまり寒さを感じない時季でも、上空で富士山の山頂に雪が積もり始めている姿を見ると、ひと足先に冬を感じ、冬期運航に向けて身が引き締まるのです。

冬の運航では、滑走路の状態や気象状況など、パイロットにとっても季節特有の念入りな準備が必要です。

しかし、コックピットから見える幻想的な冬ならではの楽しみもあります。例えば、北海道や東北の上空を巡航中には美しい雪景色を見ることができます。特に夜間のフライトでは、月明かりに照らされた雪景色の中に街の灯りが煌めく様子は、人のぬくもりを感じてあたたかい気持ちになります。

さてご搭乗の際、「この飛行機は夜間の離陸に備えて機内の照明を暗くいたします」というアナウンスを聞いたことがある方もいらっしゃるのではないでしょうか。その理由は〝人間の目〟に関係しています。

例えば車を運転していて、急に真っ暗なトンネルに入ると、目が慣れずにしばらく見えにくい状況が続きます。

これは「暗順応」と呼ばれる人間の目の特徴で、私たちは暗さに慣れるのには時間がかかります。

同じように、夜間のフライトでは、万が一に備えて周囲の暗さに目を慣らす必要があるため、ＪＡＬグループでは、離着陸の際に、あらかじめ機内を暗くしております。もちろん私たちがいるコックピットも、夜間の飛行中は常に暗い状態です。

お客さまには、ご不便をおかけしてしまう場合もありますが、安全運航のためにご理解いただけますと幸いです。

（2019年1・2月号）

桜のフライト

4月を迎え、春の訪れを感じるようになると、国内線のフライトでは南から開花してくる桜前線を楽しむことができます。

日本国内には数多くの桜の名所がありますが、おすすめは香川県の高松空港へのフライトです。空港の近辺に2つの大きな公園があり、機上からも到着してからも、美しい桜が出迎えてくれます。

ひとつめは空港の東側に位置する公渕森林公園です。香川県高松市東植田町にある公園で、面積は93ヘクタール。公渕池と城池という2つの池の周りを囲むように造られ、美しい桜並木が有名で、園内には約5000本の桜の木があると、香川県の資料に記載されています。また、空港に隣接する「さぬき空港公園」も広い芝生と桜の遊歩道が、訪れる方々を楽しませているようです。

実は私たち運航乗務員は、機上から桜をじっくりと眺める、ということはありません。離着陸時にはいくつもの計器や外部の監視をしながら、安定した機体姿勢の維持に神経を集中しています。

特に着陸前は、機体姿勢を表示する計器、速度計、高度計、方位計、推力計など複数の計器類を見ながら、近づいてくる滑走路を確認しています。それぞれの計器の表示は刻々と変化をしていきますので、プランどおり安定した飛行となっているかを確認し、気象状況などにより誤差が発生した場合には、少ない操舵と推力の微調整で修正していきます。

さて、美しい桜が花開くと、4月後半から5月にかけて、日本列島には「メイストーム」と呼ばれる強い風が発生します。

メイストームとは、主に温帯低気圧の急速な発達により大風が吹く気象現象のことを指します。広範囲で天気が急激に変わり、強い風や高波、大雨をもたらすこともあります。この時期に発生する原因は、初夏の暖気と冬の寒気がぶつかり合い、空気の温度差が大きくなり、日本海や北日本に存在する低気圧が急激に発達するため、といわれています。

当たり前のことですが、私たちはお客さまの安全を第一に、そして快適に目的地へお連れするために、出発前に最新の気象情報を入手して、フライトプランを組んでいます。また、先行して飛行する航空機からも天候の変化がある場合、最新の気象情報が報告されています。

（2014年4月号）

厳選、美しき日本の風景

目的地空港へと高度を下げるにつれ、各地の景色がよく見渡せます。そのなかでも特に景色が印象的な空港を、北から順にご紹介します。

まずは、女満別空港です。天候にもよりますが、よく使用される滑走路へ最終進入する際、左手側の窓から雄阿寒岳と雌阿寒岳の雄大な景色、そしてその間に青々とした阿寒湖を望むことができます。夏も良いですが、雪化粧が美しく映える冬景色もおすすめです。

次にご紹介するのは、山形空港です。着陸約8分前、ダイナミックな蔵王山を右手に望むことができます。蔵王山の手前で左に曲がる航路のため、右側席の窓からは、まるで山が迫ってくるかの如く見えるのです（実際には安全基準を満たした距離ですのでご安心ください）。

３つめは、松山空港です。本州と四国を結ぶしまなみ海道が織り成す、美しい橋や瀬戸内の島々を眼下に眺めながら滑走路へと進入します。〝多島美〟と呼ばれるこの風景は、まさに松山空港ならではの美景といえるでしょう。

そして最後は、北風時の宮古空港です。北風時に使用する滑走路の場合、着陸の３分ほど前に右旋回するため、宮古島の美しい景色を間近に見ることができます。果てしなく広がるエメラルドグリーンの海と、輝く珊瑚礁の美しいコントラストは今も鮮やかに覚えています。

景色だけでなく、思い入れのある空港も数多くあります。特に思い出深いのは、函館空港です。私は航空大学校を卒業後に日本航空へと入社したのですが、卒業の可否が決まる最後の試験フライトが函館行きでした。着陸し、スポットへ向かうなか、この日までの想いがこみ上げ、感慨深かったことを覚えています。今でも、函館空港へ降り立つと、教官に叱られたり、仲間と励まし合ったりした日々を思い出します。

皆さまにも、空から眺めるお気に入りの景色や、思い出深い空港はありますでしょうか。空の旅にお出かけの際には、ぜひ機上からの美しい景色をお楽しみください。素敵な思い出づくりのお手伝いができましたら幸いです。

（2016年5月号）

本書は、JALカード会員誌・機内誌『AGORA』で連載中の「コックピット日記」2012年4月号〜2019年8・9月号掲載分より59編を改題・再編集し、まとめたものです。データは掲載当時のものです。

カバーデザイン／渡邊民人（TYPEFACE）
本文デザイン／清水真理子（TYPEFACE）

JAL機長たちが教えるコックピット雑学

飛行機とパイロットの仕事がよくわかる

2020年３月18日　初版発行
2020年７月21日　３刷発行

編著者　日本航空

発行者　池田了一

発行所　株式会社 JAL ブランドコミュニケーション
〒140-8643　東京都品川区東品川2-4-11　野村不動産天王洲ビル
TEL：03-5460-3971（代表）
https://www.jalbrand.co.jp/

発売元　株式会社 KADOKAWA
〒102-8177　東京都千代田区富士見2-13-3
電話　0570-002-008（カスタマーサポート・ナビダイヤル）
http://www.kadokawa.co.jp/

印刷・製本　株式会社シナノパブリッシングプレス

Printed in Japan　ISBN：978-4-04-899335-7　C0026